사진 속 지리여행

지오포토로 읽는 대한민국 이야기

사진 속 지리여행

손 일 · 탁한명

푸른길

책을 내면서

두 권으로 된 대형 사진집 『앵글 속 지리학』이 간행된 것이 2011년이다. 그리고 12년 만에 『사진 속 지리여행』이라는 이름을 달고 한 권의 책으로 새롭게 출간하게 되었다. 『앵글 속 지리학』 출간 후 기대와 불안 속에서 판매 과정을 지켜보았는데, 사진집 판매가 절대 부진하다는 속설과는 달리 2쇄를 찍었다. 게다가 콘텐츠는 네이버 지식백과에 게재되어 출판사 수익에 일부라도 기여할 수 있었다. 정말 얼마나 다행인지 모르겠다.

그동안 초판 콘텐츠를 활용한 〈사진 속 지리여행〉이라는 교양강좌를 부산대에서 개설하면서, 합본에 대한 요구와 수요가 있음을 확인했으나 합본 작업은 차일피일 미루고 말았다. 명퇴 후 서울대에서 같은 강좌를 개설했을 때도 마찬가지의 수요를 확인했는데, 처음 개설한 강의임에도 70여 명이 수강 등록해 나름 성황을 이루었다. 하지만 한 학기 만에 강의를 접고는 1인 식당 〈동락〉을 개업해 운영하면서 합본 계획은 사라지는 듯했다. 가게는 코로나 팬데믹 상황에서도 손익분기점을 오르내렸지만, 혹독한 작업환경에 견디다 못해 2년 반 만에 문을 닫고 말았다.

나의 갈팡질팡 행보와는 달리, 출판사는 『앵글 속 지리학』 출판 과정에서 나를 도왔던 탁한명 박사에게 부탁해 사진 교체와 설명문 보완 작업을 진행하겠다고 알려 왔다. 초판에도 탁한명 박사의 사진 몇 장이 포함되어 있었는데, 이번 합본에는 기존 사진 10여 장을 그의 사진으로 바꾸고 추가하면서 새로운 면모를 갖추게 되었다. 특히 조망점을 찾지 못해 낮은 고도에서 찍은 평면적 사진이 드론 사진으로 보완되면서, 더 입체적인 지오포토 모음집으로 변모할 수 있었다. 사천 선상지 사진은 이런 측면에서 압권이다.

이 책의 사진 대부분은 1990년대와 2000년대 우리나라, 그중에서도 부산과 경남을 중심으로 제주와 백두산을 포함한 전국의 사진들이다. 20년 가까이 흐르면서 사진 속 어떤 경관은 이미 사라진 것도 있고 또 어떤 것은 너무나 많이 바뀌어 원래의 모습을 찾기 어려운 경우도 있다. 하지만 우리처럼 급속도로 발전하는 나라에서 경관 변화는 당연한 것으로, 여기에 수록된 사진들은 그간의 경관 변화 양태나 동인을 밝히는 기초자료로 활용될 수 있다. 또한 엄선된 20세기 후반과 21세기 초반의 경관 사진은 지리학적 시각에서 포착된 장소에 대한 독특한 시점과 해석을 제공해 준다.

비록 사진의 크기는 줄어들었지만 200여 개 사진이 한 권에 수록되면서 책꽂이에 쉽게 꽂을 수 있고 휴대도 간편해졌다. 이렇게 새로워진 책이 독자들에게 어떤 의미로 다가설지 자못 궁금해진다. 지금은 지리학을 떠나 메이지 유신이라는 주제에 집중하고는 있지만, 내 평생을 다한 지리학에 미련이 없지 않다. 이 책에서 부족한 수도권과 충남 일대의 사진만 모아서 후속편도 내고 싶다. 그러나 발로, 힘으로 버텨야 하는 현장 작업은 이제 노령인 본인에게는 버거운 일이 되었고 새로운 아이디어도 부족하다. 오로지 탁 박사와 같은 열정의 지리학자에게나 가능한 일이라 그의 분발에 기대를 걸어 본다.

마지막으로 쉽지 않은 출판계 사정에도 불구하고 합본 출판에 용기를 내어 주신 김선기 사장님께 무한한 감사의 말씀을 드리고, 편집팀 관계자 여러분에게도 감사의 마음을 전한다. 초판 보완을 위해 참여해 준 탁한명 박사에게도 고마움을 전한다.

2023년 7월
저자를 대표해
손 일

『앵글 속 지리학』의 서문

이 책은 〈지오포토 100 : 사진으로 전하는 100가지 지리 이야기〉 시리즈의 시작이다. 출판사 푸른길의 기획으로 시작된 이 사진집 시리즈가 지리학과 사진의 만남이라는 장르에 끝없는 애정을 보내는 이들의 무대이고, 그 결과물들을 보관하고 끄집어내는 공동의 창고이기를 기대하면서, 이 책은 그 첫걸음을 뗀 것이다. 제대로 된 지오포토를 위해서는 공동 작업이 필수적이다. 왜냐하면 지리학의 학문적 관심은 다양하고 무한하지만, 한 개인의 학문적 호기심과 공간적 범위는 기대에 미치지 못하기 때문이다. 또한 지리학적 현장을 사진으로 재현함에 있어 기술적, 물리적, 시간적 한계가 엄연히 존재할 뿐만 아니라, 지오포토가 특별한 검정 절차 없이 교과서나 각종 서적에 무비판적으로 제공되고 있기 때문이다. 즉, 이 시리즈가 지오포토에 대한 비판적, 과학적 검정을 위한 공동의 작업 공간이 되었으면 한다는 말이다.

나는 직업적인 사진가가 아니다. 따라서 『앵글 속 지리학』 상과 하에 실린 사진들의 공간적 범위는 근무처, 연구 주제, 가용 재원 등과 무관하지 않다. 아니 그 한계를 절대로 벗어날 수 없다. 나는 1984년 9월 경상남도 진주 소재 경상대학교 지리교육과의 창설 교수로 부임하여 2003년 12월까지 근무하였고, 2004년 1월부터 현재까지 부산대학교 지리교육과 교수로 재직하고 있다. 결국 이 책에 실린 사진은 부산·경남과 그 주변일 수밖에 없다. 하지만 부산·경남에는 남한에서 가장 높은 지리산과 커다란 낙동강이 있어 비교적 규모가 큰 지형학적 주제가 펼쳐져 있고, 최근 등산 붐에 편승해 가까이 있는 이 산 저 산을 오르다 보니 제법 괜찮은 사진들이 모인 것이다. 따라서 두 권의 책에 무려 200장의 사진이 수록되어 있지만, 공간적으로 균등하게 분포하지 않음을 우선 밝혀 둔다.

나의 지리학적 관심은 지형학이다. 물론 순수 자연과학으로서의 지형학이 주 대상이지만, 한반도는 인구압이 높은 곳이라 사진을 찍다 보면 그곳에 기대어 사는 사람들의 삶도 앵글 속에 포함될 수밖에 없다. 처음 공부를 시작할 때 학문적 관심사는 하천지형이었으나 현재는 한반도의 산지지형이라, 지도와 대조해 가며 소백산맥과 태백산맥 일대를 30년간 부지런히 휘젓고 다녔다. 또한 학생들의 교육을 위해, 개인의 지적 호기심을 위해, 아니면 각종 조사 사업에 참여한 덕분에, 부산·경남을 벗어나 다른 직업의 사람들이 근무하는 시간에도 산천을 유람하면서 이곳저곳에 카메라를 들이댈 수 있었다. 그 결과 전라도와 충청도를 비롯한 수도권 일대, 그리고 백두산, 울릉도, 제주도와 같이 특수한 지역도 남들에 비해 자주 방문할 수 있었다. 따라서 이 사진집에 실린 사진 중에는 최근 사진도 있지만 10년이 훨씬 지난 사진들도 있다.

나는 보통의 풍경사진가들처럼 영상미를 추구하지는 않는다. 물론 사진이 갖추어야 할 기본적인 것까지 무시한다는 것은 아니지만, 찍기 전에 이미 무엇을 찍을지 정해져 있다는 말이다. 더군다나 그들처럼 한 장의 사진을 얻기 위해 며칠을 한 자리에서 죽치면서 기다리기에는 시간적, 직업적 한계가 있다. 이 책에서 추구하는 지오포토는 대상이 경관이라는 점에서 풍경사진과 마찬가지이지만, 목적이 사실이나 정보의 전달이라는 점에서 보도사진과 일치하는 양면성을 지니고 있다. 하지만 지오포토에는 필수적인 사항이 또 하나 있다. 사진의 주제 대부분은 초중등학교 시절에 학습한 지리학적 개념들이기 때문에, 제대로 된 지오포토라면 특별한 설명 없이도 그것이 어떤 지리학적 개념을 전달하기 위한 사진인지 충분히 감지할 수 있어야 한다. 이 책에 실린 사진 중에서 그렇지 못한 것이 있다면, 그건 전적으로 나의 책임이다.

내가 찍은 사진 대부분은 높은 곳에서 아래를 보면서 찍은 것들이다. 지리학적 현상의 평면적 분포와 패턴 그리고 수직적 입체감을 동시에 얻으려면 높은 곳에서 찍지 않을 수 없다. 조금 어려운 말로 부감경이 필요한데, 일단 고도를 높여야 하는 수고가 절대적으로 필요하다. 중력을 이겨 내야 하기 때문에 어쩌면 이점이 지오포토에서 가장 힘든 과제인지 모른다. 물론 항공기를 이용해 적당한 방향과 시간 그리고 날씨를 선택할 수 있다면 최선의 사진이 될 것이다. 하지만 그것이 가능한 사람이 과연 몇이나 될까? 지리학은 기본적으로 야외과학이고 어깨 너머로 배워야 할 부분이 많은 학문이다. 따라서 누구든지 그 현장을 찾아 관찰할 수 있어야 하고 또한 같은 사진을 찍을 수 있어야 한다는 것이 내가 생각하는 지오포토의 기본이자 또 다른 목표이기도 하다. 좀 거창하게 이야기하자면 지오포토도 학자들이 하는 것이라 재현 가능해야 한다는 것이다.

나는 20대 초반이나 지금이나 야외에 나갈 때면 습관적으로 사진기를 챙긴다. 하지만 언젠가는 이런 유의 사진집을 내야지 하는 마음을 먹고 사진을 찍기 시작한 것은 극히 최근의 일이다. 30년 후를 예상하고 초임 교수 시절부터 사진을 찍었다면 아마 이 책은 더 많은, 더 훌륭한 사진들로 채워졌을 것이다. 하지만 한 치 앞도 내다보지 못하는 것이 인생인데, 어떻게 30년 후의 작업까지 예측할 수 있었겠는가? 게다가 언제 찍고, 무엇을 찍고, 어떻게 찍고를 이해하는 데 너무 많은 시간이 흘렀고, 그 세월만큼이나 사진에 대한 눈높이도 높아져 얼마 전까지 캐비닛을 가득 채웠던 그 많은 슬라이드는 몇 장을 제외하고는 거의 무용지물이 되고 말았다. 솔직히 말하면 사진을 버리는 것을 배우는 데 더 많은 시간이 필요했던 것 같다. 동료들이나 학생들과 사진 이야기를 할 때면 늘 강조하는 말이 있다. 사진을 찍은 후 정리하지 않으려면 아예 찍지도 말라고. 머리나 책장이나 서랍이나 캐비닛이나, 최근에는 하드디스크까지, 쓰레기로 가득 차 있으면 새로운 것을 담을 수 없기 때문이다.

마지막으로 카메라 이야기를 해야겠다. 여기에 실린 사진들은 다양한 사진기로 찍은 것들이다. 캐논 G9과 같은 똑딱이 카메라에서부터 니콘 F3, 니콘 90N, 마미아 7Ⅱ, 펜탁스 67, 노블렉스, 호스만 612, 캐논 5D MarkⅡ에 이르기까지 다양하다. 최근에는 펜탁스 645D까지 구입했으니, 나의 카메라 편력도 만만하지 않다. 가까운 동료 한 분은 내 사진을 볼 때마다 그 사진기로 이 정도밖에 못 찍는다면 말도 안 된다고 핀잔도 준다. 그럴 때마다 사진기 빌려 줄 테니 한번 다녀오라고 권하기도 한다. 이처럼 사진기를 많이 바꾼 것에 대해 변명 아닌 변명이 필요할 것 같다. 크게 두 가지 이유인데, 하나는 한 장의 사진에 주제와 그것의 환경이 되는 배경을 모두 담으려는 지리학자로서의 욕심이고, 다른 하나는 색상의 단조로움을 극복하기 위한 어쩔 수 없는 선택이었다.

풍경사진과 마찬가지로 지오포토에서 초보자들이 흔히 범하는 실수는 가능한 한 화각을 넓히려는 것이다. 요즘이야 디지털로 연이어 찍은 후 포토샵으로 합성하면 되지만, 그전에는 광각렌즈가 필수였다. 아마 예천의 회룡포를 찍을 때 표준렌즈의 좌절감은 대부분의 사람들이 경험한 바일 것이다. 나 역시 예외는 아니어서, 무조건 많이 담으려는 의도로 광각렌즈를 선택했으나, 주제가 극도로 작아지고 불필요한 배경이 덕지 덕지 붙어나는 것에 손을 들고 말았다. 결국 파노라마카메라까지 구입하게 되었다. 하지만 그것이 모든 것을 해결하지 못한다는 것을 깨닫게 될 때까지는 많은 시간이 필요했다. 한편 '초록이 동색이다'라는 말이 있다. 물론 여기에 적용될 이야기는 아니지만, 풍경사진에서 다양한 초록색을 살리지 못한다면 그 사진은 무미건조해진다. 특히 우리처럼 풍경의 색상이 극도로 단순한 경우, 초록색과 갈색의 다양한 색감을 표현하지 못한다면 사진 자체로서 가치가 떨어지고 만다. 판형이 깡패라는 말이 있듯이, 결국 중형 카메라를 선택하지 않을 수 없었던 것이다.

마지막까지 필름카메라로 버티려고 했지만, 편리성, 기동성, 다양성이라는 디지털카메라의 강점 앞에 무릎을 꿇고 말았다. 최근에 꽤 많은 돈을 주고 산 보급형 중형 디지털카메라인 펜탁스 645D 마저도 아직은 중형 필름카메라의 해상도나 색감을 따라오지 못한다는 것이 현재 내 판단이다. 금전적 한계가 큰 이유이지만, 이제 더 이상 카메라를 바꿀 생각이 없다. 아니 그간의 경험으로 볼 때 지오포토를 위한 답사용 카메라로서 아직도 마미아 7II의 화질과 기동성을 따라올 만한 카메라가 없기 때문인지도 모르겠다. 중고로 팔지 못한 몇몇 카메라를 제외하고는 모든 카메라를 정리했고, 이제 마미아 7II와 펜탁스 645D를 가지고 지리학 교수로서 마지막 남은 세월을 낚을 생각이다. 참 최근에 보조 카메라로는 VF-3라는 파인더를 별도로 붙인 올림푸스 XZ-1을 쓰고 있다. 물론 아내는 모른다. 보조 파인더를 사용하는 이유는 주로 순광에 사진을 찍기 때문에 액정화면에 햇빛이 비치면 영상이 잘 보이지 않기 때문이며, 또한 오랜 야외 활동 때문인지 모르겠으나 벌써 황반변성이 왔기 때문이다. 요즘은 렌즈에 도수가 첨가된 오클리 스포츠고글을 늘 끼고 다닌다.

이제 고맙다는 이야기를 할 차례이다. 대부분의 지리학 교수들은 자신의 강의 주제를 가능하면 사진으로 보여 줘야 한다는 부담을 느끼고 있다. 아마 대상이 경관이라는 이유도 있겠지만, 그러지 않으면 학생들이 제대로 이해하지 못할 것이라는 강박관념 때문인 것 같다. 그래서 대부분의 지리학 교수들이 사진을 찍고, 그것들을 어떻게든 보관하고 정리해서 강의에 사용하고 있다. 디지털의 경우 아무리 용량이 많아도 대용량 하드디스크에 보관하면 되지만, 과거 필름으로 찍은 것들은 대부분 캐비닛에 분류도 안 된 채 먼지를 잔뜩 뒤집어쓰고 있는 게 보통이다. 한번은 갑자기 타개하신 어느 노 교수의 연구실을 대신 정리하다가 캐비닛을 가득 채우고 있던 슬라이드 필름을 발견하고 모두를 쓰레기통에 버린 기억이 있다. 대부분의 퇴직 교수들이나 제법 연수가 오래된 현역 교수들도 사정은 별반 다르지 않을 것이며, 나 역시 그런 전철을 밟을 수밖에 없는 상황이었다.

하지만 푸른길 김선기 사장님의 재촉과 권유 그리고 협박에 못 이겨, 아니 못 이기는 척하면서, 창고 속, 서랍속, 책장 속 파일들을 뒤지기 시작했다. 그 결과 제법 많은 사진들이 수중에 들어오기 시작했고, 마침내 이처럼 두 권의 책으로 묶여지게 되었다. 평범한 사진들도 여러 사람들이 좋다고 격려를 해 주니 갑자기 빛을 발하기 시작했으며, 마지막에는 정해진 200장에 몇 장이 모자라 급하게 산을 오르기도 했다. 영원히 햇빛을 못 볼 뻔했던 녀석들이 이제 세상 밖에 소개될 것을 생각하니, 한편으로 뿌듯하고 또 한편으로는 두렵기만 하다. 김선기 사장님과 편집이사 그리고 자질구레한 일 마다하지 않은 편집자 이선주 씨, 그들이 있었기에 이나마 모양을 갖출 수 있었다. 하지만 이러한 유의 사진집이 성공할 확률은 거의 없다. 더군다나 초보 아마추어 사진가의 사진집이야 오죽하겠는가? 어려운 출판 환경에도 저자를 격려하면서 악착같이 지리학 책만 찍어 대는 사장의 속내를 알다가도 모르겠다. 제발 본전이라도 건져야 하는데, 또 다시 출판사 적자에 이바지하는 것이 아닐까 두렵기만 하다.

이제 마지막으로 고맙다는 인사를 할 사람들이 있다. 이런 일을 하려면 돈, 시간, 건강 그리고 열정이 필요하지만 그보다 더 중요한, 아니 결정적인 것은 아내를 비롯한 가족들의 이해와 협력 그리고 사랑이다. 제 좋아서 집 비우고 돈 쓰고 돌아다니는 것이야 제 팔자거니 생각하면 되지만, 그것을 지켜봐야 하는 가족의 심정은 과연 어떠했을까? 하긴 그걸 생각했다면 30년 가까운 세월을 장돌뱅이처럼 돌아다니지 않았겠지만. 결혼하면서 어찌어찌 집을 장만했다. 하지만 현재 내 재산이라고는 모두 팔아 1천만 원도 안 되는 중고 자동차 2대와 대명리조트 17평형 회원권이 전부이다. 공무원으로서 무려 28년째 근무하고 있는데도 형편이 도무지 나아지지 않는다. 늘 미안하다. 가계에 별 도움이 안 되겠지만, 이번만은 이 책의 모든 권리를 아내에게 바치고 싶다. 물론 별로 반가워할 것 같지 않지만. 덧붙여 강철 체력은 아니지만 장거리 운전과 산행에도 비교적 회복이 빠른 건강을 물려주신 부모님께 감사드린다.

아무래도 이런 유의 책이 잘 팔릴 것 같지는 않다. 하지만 유홍준 교수 책처럼 잘 팔렸으면 좋겠다. 유명 일간지에 이 책과 함께 저자를 소개하는 박스 기사가 났으면 좋겠고, 이달의 책 저자라면서 TV 인터뷰도 했으면 좋겠고, KBS 아침마당에도 나가 이금희 아나운서로부터 "다음 지오포토의 주제는 무엇이냐?"는 질문도 받았으면 좋겠다. 이 모두 발칙한 상상에 지나지 않겠지만, 책이 나오기 전까지 무슨 꿈을 꾼들 어떠랴? 세상에 피해를 주지 않으니 꿈속에서라도 고대광실과 같은 집들을 마구 지어 본다.

2011년 11월 22일
금정산 자락에서

차례

강원

001 장전항 코브 해안

금강산 관광은 1998년부터 시작되었는데, 초창기 관광객들은 동해항에서 출발한 유람선을 타고 이곳 장전항(북한 고성항)에 도착했다. 낮에는 소형 선박으로 육지로 이동해 관광을 했고 밤에는 유람선으로 돌아와 숙박을 했다. 2003년부터 육로 관광이 시작되었으며 2008년에는 승용차 관광까지 이루어졌다. 이곳 장전항은 만의 입구는 좁으나 안으로 들어갈수록 넓어져 원형을 이루고 있다. 이와 같은 원형의 만을 특별히 코브cove라 한다. 코브는 기본적으로 만 입구의 암석이 내륙 쪽의 암석에 비해 침식에 강해야 만들어질 수 있다.

2008. 7.

이 사진은 금강패밀리비치호텔에서 촬영한 것이다. 높은 곳으로의 접근이 불가능해 여러 장의 사진을 이어 붙여 파노라마 사진을 만들었다. 왼편에 기반암이 노출된 급경사의 천불산(654m)은 화강암 지역에서 볼 수 있는 전형적인 산지이고 그 아래 사진 정면에 북한의 고성항이 희미하게 보인다. 사진 왼편 팔각정을 지나 금강산해수욕장이 있던 흰색 텐트촌까지는 자유로이 왕래할 수 있었고, 그 뒤로는 펜스가 쳐져 있고 출입이 제한되었다. 2008년 이 펜스를 넘은 한 관광객이 북한군의 총격으로 피살됨에 따라 현재까지 금강산 관광이 중단되고 있다.

002 진부령

서울–춘천 고속도로, 홍천–속초 간 4차선 국도, 미시령터널 완공 등으로, 이제 미시령 길은 수도권과 동해안을 잇는 주
도로가 되었다. 2차선이고 고갯마루 높이가 980m나 되는 한계령 길(44번 국도)은 산악관광도로로 바뀌고 말았지만, 진
부령 길(46번 국도)에는 여전히 많은 차량들이 오가고 있다. 진부령의 고도가 상대적으로 낮기도 하지만(520m), 무엇보
다도 거진, 간성 등 동해안 북단으로 가는 데는 이 도로가 편리하기 때문이다. 사진에서 진부령 길은 송전선으로 이어진
능선과 그 뒤로 보이는 높은 능선 사이를 평행하게 지나고 있어 보이지 않는다.
1970년대까지 국내 유일의 스키장이었던 알프스스키장은 수도권과 영동고속도로 주변에 스키장이 여럿 생기면서 적자

2010. 10.

를 견디지 못해 문을 닫고 말았다. 사진 속 커다란 건물이 알프스리조트이고 그 아래 크고 작은 건물들도 모두 스키렌탈 혹은 숙박업소였지만, 현재는 거의 폐업 상태이다. 이곳의 현실은 무엇이든 수도권과의 접근성이 떨어질 경우 맞게 될 고단한 운명을 대변하는 듯하다. 하지만 예외가 있다면 바로 지독한 등산 열풍이다. 오늘도 마산봉(1,052m)을 통과한 백두대간 종주자들은 스키장을 가로질러 진부령으로 향한다. 진부령 너머로 보이는 칠절봉(1,172m)과 향로봉(1,296m)은 군사지역이라 민간인의 출입이 어렵다.

2002. 2.

003 용암대지와 고석정

사람들은 보통 고석정에 가면 고석정에 올라 고석바위를 보고 사진을 찍는다. 사진 중앙에 있는 정자가 고석정이고, 하상 한가운데 우뚝 선 바위가 고석바위이다. 그런데 고석바위와 건너다보이는 단애 모두 화강암으로 되어 있어, 그렇게 사진을 찍으면 이곳의 주요 지형 요소인 용암대지를 담을 수 없다. 이 사진은 고석정 서남쪽 용암대지 위에서 상류 쪽으로 찍은 것이다. 사진의 왼편 단애는 현무암용암이고, 이 용암대지 위에 각종 시설물들이 세워져 있다. 한편 하천 바닥과 고석바위, 오른편 단애는 화강암으로 이루어져 있으며, 고석바위에서 관상절리를 관찰할 수 있다.

한탄강을 따라서 대략 4가지 유형의 하곡을 볼 수 있다. 양쪽 단애와 계곡 바닥 모두가 현무암인 경우, 양쪽 단애와 계곡 바닥 모두가 화강암이나 변성암인 경우, 양쪽 단애는 현무암이고 계곡 바닥은 화강암이나 변성암인 경우, 마지막으로 한쪽 단애는 현무암이고 다른 쪽 단애가 화강암이나 변성암인 경우이다. 고석정의 경우 네 번째 유형의 하곡이며 사진에서 이를 확인할 수 있다. 두 암석의 경계는 일반적으로 침식에 약한데, 이 경계를 따라 하천침식이 진행된 결과이다. 이러한 지형학적 구조는 한탄강을 따라 곳곳에서 확인할 수 있다.

2011. 8.

004 직탕폭포

완만하게 흐르는 한탄강 하상에는 우리나라 보통의 폭포와는 생김새가 아주 다른 폭포가 나타난다. 이 폭포가 바로 직탕폭포인데, 높이는 약 4m이고 폭은 80m가량 되며 규모는 그에 미치지 못하나 마치 나이아가라 폭포를 줄여 놓은 듯하다. 하상의 용암층은 여러 번의 화산 분화 시 흘러내린 용암이 여러 겹 쌓인 것으로, 상층의 용암층이 수직 절리를 따라 떨어져 나감에 따라 계단 모양의 수직 단애가 형성된 것이다. 용암층이 떨어져 나가는 양식에 따라 수직 단애의 높이가 높아질 수 있고, 그 위치도 점차 상류로 옮겨간다.

일반적으로 직탕폭포 사진은 폭포가 두드러지게 가까이서 찍는 경우가 대부분이다. 하지만 약간 멀리서 망원렌즈를 이용해 하상과 양쪽 용암대지의 수직 단애를 모두 넣어 사진을 찍으면, 한탄강이 관류하고 있는 용암대지의 지형학적 구조가 잘 나타날 수 있다. 직탕폭포 하류 쪽 다리 아래 언덕에는 사진을 찍을 만한 적절한 조망점이 있다. 이곳 한탄강 구간은 양쪽 단애뿐만 아니라 계곡 바닥까지 모두가 현무암인 경우로 용암이 비교적 두껍게 쌓인 곳이다. 따라서 현재의 유로는 '옛 한탄강' 계곡에서 고도가 가장 낮았던 옛 유로를 승계하였을 가능성이 매우 높다.

005 청대산에서 본 청초호

북쪽부터 화진포, 송지호, 영랑호, 청초호, 경포대 등 동해안을 따라 석호가 다수 발달해 있다. 현재는 이들 호수로 흘러 드는 하천의 퇴적이나 인위적인 매립으로 그 규모가 줄어들거나 사라지고 있는 실정이다. 석호는 규모가 큰 지형 단위이 지만 주변은 고도가 낮은 평지이기 때문에, 석호 가까이에서는 입수구, 배수구, 사주 혹은 사취 등의 지형 요소나 전체적 인 지형 구조를 확인하기 어렵다. 실제로 항공사진이나 위성사진을 제외하고는 석호를 명확하게 볼 수 있는 사진이 별로 없다.

2010. 10.

청대산은 속초 남쪽에 위치한 나지막한 산으로, 30분가량 오르면 팔각정이 있는 정상에 오를 수 있다. 능선 길을 따라 조금만 오르면 점점 더 시야가 넓어지고 청초호의 윤곽이 보이기 시작한다. 청초호를 볼 수 있는 조망점은 등산로상에 여럿 있으며, 전망대도 한 곳 마련되어 있다. 정상에 있는 팔각정에서는 청초호를 한눈에, 그것도 부감(높은 곳에서 내려다봄)의 최적 조망 각도인 10° 정도로 내려다볼 수 있다. 이곳에서 청초호는 북동향이라, 안개 등의 방해를 받지 않는다면 하루 내내 좋은 전망을 얻을 수 있다. 정면에 보이는 다리가 청호대교이며, 그 왼쪽에 청호동 아바이마을이 있다.

2010. 10.

006 울산바위

46번 국도를 타고 백담사와 내설악의 초입인 용대리를 지나 진부령 쪽으로 조금만 가다 보면 오른쪽으로 미시령 길이 나
온다. 이 길로 접어든 후 미시령터널을 나오자마자 오른편으로 거대한 바위산이 솟아 있으니 이것이 바로 울산바위이다.
금강산 일만이천봉에 끼지 못한 전설은 차치하고, 그 당당함은 우리나라 여느 봉우리와 견주어도 손색이 없다. 이처럼
바위가 드러난 밝은 회색의 화강암 산지는 서울 근교의 인수봉에서도 볼 수 있으며, 울산바위의 기반암인 중생대 대보화
강암은 한반도 가운데를 북동에서 남서로 달리면서 띠 모양으로 분포하고 있다.
이 사진은 햇살이 밝은 가을 아침에 대명콘도 발코니에서 촬영한 것으로, 그 이외의 시간은 역광이라 제대로 된 사진을
얻을 수 없다. 반대로 뒤쪽 능선은 오후 내내 순광이라 촬영이 가능하지만, 마등령에서 황철봉을 지나 미시령까지는 입
산이 금지된 백두대간 구간이다. 평일 콘도미니엄의 주 고객은 외국인 관광객들인데 특히 중국인 관광객들이 많았다. 화
강암으로 된 명산으로 치자면 중국의 노산, 태산, 황산 등이 몇 수 위이니, 경치 구경 이외에 그들이 원하는 구경은 딴 곳
에 있으리라. 그들을 위한 다양한 프로그램이 개발되기를 바란다.

2001. 9.

007 화강암 풍화와 울산바위

화강암은 단단하다. 하지만 토양 아래에서 지속적으로 수분과 이산화탄소가 공급되면 화강암의 조암광물 중 특히 장석이 풍화를 받아 다른 물질로 바뀐다. 이때 부피가 팽창하고 광물 간의 결합력이 약해진다. 화강암에 절리가 잘 발달해 있고, 기온이 높고 강수량이 많을 경우 화강암의 풍화는 급속히 진행된다. 풍화가 이루어지는 속도와 풍화물이 제거되는 속도는 상대적인데, 전자가 후자보다 빠르면 풍화층은 더 두꺼워질 것이다. 하지만 후자가 전자보다 빠르면 풍화층이 제거되고 풍화층 아래의 기반암이 드러나면서, 사진에서 보이는 암괴 지형이 만들어진다. 울산바위 정상부는 삐죽삐죽한 암괴들로 이루어져 있으나 그 아래 식생을 제거한다면 울산바위 전체가 하나의 거대한 바위산이다. 주변에 비해 절리의 밀도가 낮아 풍화에 견딜 수 있었다. 이처럼 주변의 풍화물이 제거되면서 괴상의 화강암체로 남은 지형을 지형학에서는 보른하르트bornhardt라 한다. 일반인이 울산바위에 오를 수 있는 길은 흔들바위가 있는 내원암을 지나는 길뿐이다. 수직에 가까운 철제 다리를 힘겹게 올라 이곳 울산바위의 전망대에 도착하면 수직, 수평 절리로 쪼개졌지만 풍화를 받아 둥글둥글하고 거대한 암괴지형이 눈앞에 펼쳐진다. 햇살이 강할 때보다는 오히려 흐린 날 사진을 찍으면 암석과 지형의 디테일이 잘 드러난다.

008 내린천 살둔마을

감입곡류하천은 남한강, 북한강의 본류뿐만 아니라 최상류의 작은 지류에서도 쉽게 볼 수 있다. 이곳은 맑은 물과 심하게 곡류하는 하천으로 유명한 내린천의 상류 구간이다. 이곳 생둔마을에서 내린천을 따라 상류로 가면서 월둔, 달둔 두 오지마을이 나타난다. 예로부터 이 세 마을을 삼둔이라 했으며, 난리에 숨어 살기 좋은 마을로 알려졌다. 작은 하천의 상류에 위치한 곡류하천의 만곡부 바깥쪽은 대개 급경사의 절벽으로 이루어져 있다. 그 때문에 오늘날에도 계곡을 따라 도로를 건설하는 것이 용이하지 않다. 내린천에서 이 정도의 곡류 구간은 흔히 볼 수 있다. 그러나 적당한 조망점까지 길이

2002. 5.

나 있지 않고, 있다 하더라도 숲으로 우거져, 내린천 상류에서 제대로 조망할 수 있는 곡류하도 구간은 그다지 많지 않다. 하지만 이곳 살둔마을은 지리학자들에게 비교적 잘 알려진 곳이다. 왼편 도로가 끝나는 곳에서 도로 절개지 가장자리를 따라 급경사를 간신히 오르면 사진에서 보는 것과 같은 전망을 만날 수 있다. 가까이 있는 소나무가 하도 일부와 하안단 구 위에 만들어진 농경지와 취락을 가리고 있어 아쉽다. 하지만 마을을 외부와 이어 주는 작은 다리와 도로는 정겹다.

009 장수대 가리천 토석류

한계천은 한계령에서 출발한 44번 국도와 나란히 달리다가 원통삼거리 한계리에서 북천과 합류한다. 북천은 하류로 가면서 인북천, 소양강과 만나 소양호로 흘러든다. 대승폭포, 대승령으로 가는 등산로의 출발지인 장수대는 인제와 한계령 사이의 중간쯤에 위치해 있다. 장수대는 건물 이름이며, 예상과는 달리 고옥이 아니다. 1959년 당시 3군단장이던 오덕준 장군이 6·25 때 치열했던 설악산 전투를 회상하며 전몰장병들의 명복을 기원하는 뜻에서 건립한 것이다. 48평 규모의 전통 한식 건물로, 한때 관광객들의 휴식처나 숙박지로 이용했다고 한다.

2010. 10.

사진은 장수대 부근에서 한계천과 가리천이 합류하는 모습을 촬영한 것이다. 대략 동–서 방향인 한계천 계곡과 직각 방향으로 만나는 지류 계곡이 장수대 부근에 둘 있는데, 북쪽의 지류가 대승폭포가 있는 계곡이라면 남쪽의 것은 가리봉(1,519m)에서 발원한 가리천 계곡이다. 두 하천의 하상이 미끈하게(지형학적 용어를 사용하면 협화적으로) 만나지 않는 점, 그리고 하상 한가운데 식생들이 고사하고 있는 점 등으로 보아, 산지 급경사 계곡을 빠져나온 듯한 가리천의 하상 퇴적물은 하천에 의해서라기보다는 매스무브먼트massmovement의 한 유형인 토석류에 의해 이동한 것으로 판단된다.

<u>010</u> 설악산 폭포 시리즈

무수히 많은 폭포를 지나면서, '과연 설악산에는 폭포가 몇이나 될까?'라는 엉뚱한 생각을 해 보았다. 크고 작은 것을 합하면 대략 100여 개는 될 것 같으나, 그 수를 헤아리는 것이 큰 의미가 없어 포기했다. 여기에서는 비교적 쉽게 접근할 수 있고 규모도 작아 바로 앞에서 사진을 찍을 수 있는 폭포 4개를 연속으로 배열해 보았다. 왼편 첫 번째가 설악동에서 쉽게 접근할 수 있는 토왕성 계곡의 비룡폭포인데, 이보다 상류에 토왕성폭포, 하류에 육담폭포가 있다. 폭포 물은 급경사의 단애를 따라 10여 미터를 떨어지며, 그 아래에는 전형적인 형태의 폭호가 발달해 있다.

2010. 10.

두 번째가 십이선녀탕 계곡에 있는 복숭아탕이다. 단애면에 구멍이 뚫려 있는 특이한 형태의 폭호인데, 폭호 아래 또 하나의 폭포가 계속 이어진다. 뚫린 구멍의 장경이 무려 10m가량 되며, 물속에 자갈도 포함되어 있다. 세 번째는 남설악 입구에 있는 용소폭포인데, 폭포의 길이가 수미터에 불과하고 폭호의 출구까지 기반암으로 둘러싸여 있어 폭포라기보다는 침식와지인 포트홀pothole에 가깝다. 마지막은 남설악 흘림골에 있는 여심폭포이다. 침식에 의해 만들어진 폭포가 아니라 절리면을 따라 암괴가 떨어져 나가면서 만들어진 폭포이기 때문에 그 아래 폭호의 발달이 미약하다.

2010. 10.

011 대승폭포

대승폭포는 개성의 박연폭포, 금강산의 구룡폭포와 함께 우리나라 3대 폭포로 불리는 곳으로, 폭포 시작점부터 바닥까지 88m의 높이를 단번에 수직으로 떨어진다는 점에서 그 규모를 짐작할 수 있다. 이 폭포는 여느 폭포처럼 하천 종단면의 경사변화점에 있는 것이 아니라, 계곡 방향에 평행한 단애면을 따라 떨어지면서 주 계곡과는 직각으로 만난다는 점에서 특별하다. 밝은색의 단애면과 주변 산지의 붉은색 단풍 덕분에 경관의 단조로움은 피할 수 있었으나, 촬영 시기가 가을인지라 떨어지는 물의 양이 적어 마냥 아쉽다.

장수대에서 등산로를 따라 1km가량 오르면 폭포 맞은편에 있는 전망대에 도착한다. 이 사진은 전망대에서 촬영한 것이다. 여느 폭포 사진과 마찬가지로 맑은 날보다는 흐린 날, 그것도 바위가 비에 젖어 있을 때 바위의 질감과 전체적인 지형 윤곽이 잘 드러난다. 전망대를 뒤로 하고 등산로를 따라 계속 오르면 대승령 정상에 도착한다. 여기서 반대로 하산하면 복숭아탕을 거쳐 남교리에서 홍천―속초 간 46번 국도와 연결되고, 서북주릉이라 부르는 능선을 따라 동쪽으로 계속 가면 귀떼기청봉을 지나 설악산 정상 대청봉에 이른다.

012 백봉령 석회암 채굴장

'강원도의 힘'이라는 말은 원래 홍상수 감독의 영화 제목이었으나 강원도에서 기적과 같은 일이 일어나면 관용구처럼 사용되기도 한다. 경제발전 초기 도시개발과 사회 인프라 구축을 위해 많은 자원이 필요했지만, 부존자원이 부족한 우리나라에서 유일하게 자급이 가능했던 두 가지 자원을 들라면, 그건 석탄과 석회석이었다. 이 두 자원의 주요 생산지가 강원도였기에, 이들 자원이 우리나라 경제발전에 크게 기여했다는 의미에서 '강원도의 힘'이라 부르기도 한다. 만약, 석회석과 석탄마저 수입해야 했다면 지금 우리의 삶은 지금과 전혀 다른 모습일 수도 있다.

이 사진은 드론으로 촬영한 것이다. 백두대간 백복령과 자병산 일대의 석회석 채굴장 현장으로, 1978년 한라시멘트(현 라파즈한라시멘트)에 의해 채굴이 시작되었다. 2002년 추가 개발 허가를 받아 지금까지 채굴한 결과, 자병산 정상부는 지도에서 사라지고 길이 2.7km, 폭 0.7km, 깊이 200m의 흉측한 모습의 채굴장이 만들어졌다. 2012년에는 채굴로 인해 불안해진 사면이 무너지면서 인명 피해가 발생하기도 했다. 최근 환경부와 한라시멘트는 자병산 광산지역 복구계획을 세워 석회암 지대에서 자생할 수 있는 식물을 이식하는 등 자병산 회복을 위한 여러 가지 시도를 하고 있다.

1999. 9

013 한국의 그랜드캐니언 미인폭포

인터넷에서 한국의 그랜드캐니언을 검색하면 대략 5군데가 나온다. 무릉계곡, 주왕산, 한탄강, 임천강 그리고 여기 미인폭포가 있는 통리협곡이 그것들이다. 이들 계곡이 그렇게 불리는 나름의 이유는 있겠지만 길이 450km, 깊이 1,000m 이상 되는 그랜드캐니언에 비하면 조족지혈이다. 하지만 11세기 중국 북송 시대 소상팔경도에서 비롯된 팔경이 우리나라 거의 모든 지방자치단체에서 활용되고 있는 것을 감안하면 그리 탓할 일도 아니다. 미인폭포가 있는 협곡 상류는 그 폭이 100m 정도에 지나지 않지만 이를 사이에 두고 거의 300m 높이의 퇴적암 절벽이 마주하고 있다.

통리에서 신리로 가는 427번 도로변에 미인폭포, 혜성사라는 입간판이 나타난다. 이를 따라 계곡 아래로 내려가면, 역암, 사암, 이암 등 퇴적암이 켜켜이 쌓인 계곡으로 들어서고, 계곡 안쪽에 약 50m 높이의 미인폭포가 나타난다. 오십천 계곡과 직각인 통리협곡의 방향, 미인폭포 상류의 평탄한 하안단구, 통리에서 미인폭포로 가는 427번 지방도 연변의 완경사지, 통리역 부근의 풍극을 감안한다면, 통리협곡은 오십천의 하천쟁탈 현장으로 판단된다. 여느 폭포와 마찬가지로 맑은 날보다는 흐리거나 비가 온 뒤 사진을 찍어야, 암석의 질감이 제대로 살아 있는 폭포 사진을 얻을 수 있다.

36

2006. 8.

014 동강

영월에서 만나는 남한강의 양대 지류 중 동쪽의 지류를 동강, 서쪽의 지류를 서강이라 부른다. 동강은 영월, 정선, 평창, 삼척 등 강원도에서도 개발이 비교적 덜 된 지역을 지난다. 1990년대 동강댐 건설을 둘러싸고 이해 당사자인 주민들은 물론 학계, 환경운동가, 해당 공무원 등 다양한 계층이 논쟁과 집단행동에 가담했으며, 그러는 과정에서 동강은 전 국민의 관심거리가 되었다. 결국 동강댐 건설은 무산되었는데, 이는 대규모 국책 개발 계획을 백지화시킨 환경 운동, 시민운동의 쾌거로 오래 기억될 것이다. 물론 빛이 짙으면 그림자도 짙은 법이지만.

이 사진은 백운산(883m) 정상 조금 못 미쳐 등산로 상에서 동강의 하류 쪽을 바라보면서 촬영한 것이다. 동강의 곡류는 우리나라에서도 손꼽힌다. 하지만 이런 경관을 볼 수 있는 조망점에 접근하기란 쉽지 않다. 왜냐하면 사진에서 보듯이 석회암을 기반으로 한 산지의 경사가 매우 급하고 고도 또한 높기 때문이다. 석회암이 지표에 드러날 경우 매우 단단하며, 그것이 지닌 절리 때문에 하안에는 급경사의 단애가 만들어진다. 이곳에서 급류를 타고 하류로 래프팅을 하면 백룡동굴, 어라연을 거쳐 영월까지 갈 수 있다.

015 동해휴게소에서 본 정동진 해안단구

바다 쪽으로 삐죽이 나와 있는 암석해안의 상단은 그 길이가 1km가량 되지만 멀리서 보면 거의 평지처럼 완만하다. 과거 동해안이 융기한 결과이며, 이러한 지형을 해안단구라 한다. 한때 이 해안단구의 형성 시기와 형성 작용에 대해 상반된 견해가 있었다. 하지만 지금은 60~70만 년 전 해식에 의해 만들어진 평탄면이 융기하여 현재에 이르렀다는 주장이 정설로 받아들여지고 있다. 심곡항에서 보이는 기반암 노두, 둥근 자갈로 된 해성 퇴적층, 바위에 구멍을 파는 보링쉘 boring shell의 흔적, 연대 측정 결과 등이 이러한 주장을 뒷받침하고 있다.

2010. 9.

실제로 해안단구 위를 올라서면 예상과는 달리 기복이 심하고 식생으로 덮여 있어, 자신이 해안단구 위에 있다는 것을
실감하지 못하는 경우가 대부분이다. 하지만 이곳 동해고속도로 동해휴게소에서 북쪽을 바라다보면, 해안단구 위의 작
은 기복은 사라지고 해발 75~80m 높이의 해안단구가 확연하게 보인다. 정동진역에서 남쪽을 바라다보면 언덕 위에 유
람선 형상의 썬크루즈호텔이 있는데, 사진에서 해안단구 위에 삐죽이 보이는 흰색 구조물이 바로 그것이다. 사진 왼편에
있는 회색 시설물은 옥계항 한라시멘트 전용부두에 있는 시멘트 저장소이다.

2001. 9.

016 모래시계와 정동진역

동해남부선, 삼척선, 영동선은 모두 동해안을 따라 달리는 철도 노선이다. 이들 노선의 기차역들 중 해안 가까이에 있는 역들이 많지만, 정동진역처럼 해안에 바짝 붙어 있는 경우는 거의 없다. 고현정 씨는 지금도 최고의 인기를 구가하는 탤런트이지만, 그녀가 1995년에 출연했던 SBS 드라마 "모래시계"는 장안의 화제 거리였다. 이 드라마의 한 장면에 이곳 역사가 등장한 덕분에, 한가한 어촌 마을이 국내 최고의 관광지 중 하나로 각광을 받게 되었다. 특히 정초에 새해 일출을 보러 오는 관광객들로 이곳 넓은 해변과 역사 주변은 발 디딜 곳이 없을 정도이다.

정동진은 관광지로 알려지기 전부터 일부 지리학자들의 출입이 잦았던 곳이다. 사진 정면에 유람선 형상의 썬크루즈호텔이 들어선 언덕이 신생대 제4기 동해안의 융기를 설명할 수 있는 해안단구인 것으로 확인되면서, 현장 답사를 위해 많은 지리학자들이 이곳을 찾았다. 이 사진은 영동선의 전철화가 완전히 이루어지기 전의 모습이다. 조금 멀리서 넓게 화각을 잡아 왼편에 정동진역 팻말과 바다를, 오른편에 새로이 들어선 각종 상업 시설을, 그리고 중앙에 철로와 멀리 언덕 위 썬크루즈호텔을 포함시켰다. 이 사진은 복잡하기는 하나 정동진의 다양한 면모를 한꺼번에 보여 준다.

2006. 3.

017 라피에가 발달한 해안

이곳은 촛대바위로 유명한 동해시 추암동 일대의 해안이다. 여느 해안과는 달리 삐죽삐죽 돌출한 바위들이 해안을 덮고 있다. 동해안을 따라 극히 일부 해안에서만 석회암이 나타나는데, 이 해안이 대표적이다. 석회암이 풍화를 받을 경우 절리를 따라 용식이 진행되기 때문에 풍화층 아래의 기반암 형상은 다른 암석과 달리 매우 복잡한 미세 기복을 보인다. 다양한 이유로 이 풍화층이 제거되면 기반암이 드러나는데, 지표에 드러난 삐죽삐죽한 석회암 기둥을 라피에lapié 또는 카렌karren이라 한다. 물론 라피에는 육지에서도 볼 수 있다.

일반적으로 라피에는 카르스트지형 발달의 초기에, 석회암층이 약간의 경사를 지니고 있을 때 잘 발달한다고 알려져 있다. 반면 오목지형인 돌리네는 수평층일 경우 잘 발달한다고 한다. 이곳 해안에 발달한 라피에는 파도에 의해 풍화층이 제거된 결과이다. 파도가 미치지 못해 풍화층이 제거되지 않은 곳에는 소나무가 자라고 있다. 푸른 하늘과 바다를 배경으로 석회암의 회색과 소나무의 녹색이 절묘한 색상 대비를 보여 준다. 이곳 해안 라피에는 촛대바위 쪽에서 북향이라 언제든지 촬영이 가능하다.

2023. 6.

018 솔비치호텔에서 본 추암해수욕장

추암은 한국관광공사가 '한국의 가 볼 만한 곳 10선'으로 선정한 해돋이 명소이며, 애국가 첫 소절의 배경 화면으로 등장한 것을 계기로 일반인들의 관심이 급속도로 증가하였다. 붉은 태양이 가늘고 기다란 촛대바위 위에 얹힌 일출 광경은 아름다움을 넘어서 장엄함에 흥분과 전율을 자아낼 정도였다. 추암의 '추錐'는 송곳을 의미하는데 추암, 추산과 같이 지명에 '추' 자가 들어가면 대개 기다란 기둥 모양의 암괴와 관련이 있다. 이곳 역시 석회암의 풍화층이 파도에 씻겨 노출된 기둥 모양의 기반암(라피에)이 해안을 따라 연속적으로 나타나고 있다.

사진 한가운데 사빈으로 연결된 섬이 보이고, 섬 앞쪽 소나무로 가려진 곳에 송곳 같은 형상을 한 암주(돌기둥)가 나타난다. 추암이 있는 섬은 원래 해안과 분리된 섬이었으나 사빈이 발달해 해안과 연결되면서 전형적인 육계도가 되었다. 추암해수욕장 남쪽의 철책과 초소가 있던 곳에 최근 솔비치삼척(리조트)이 들어섰고, 이 사진은 이곳 숙소 발코니에서 찍은 것이다. 휴양시설, 각종 음식점과 카페, 주택, 도로 등이 들어서면서 소박하던 추암의 원래 모습이 많이 사라졌지만, 여전히 섬 북쪽에 있는 해안형 라피에와 함께 여러 다양한 지형들은 훌륭한 자연학습장 구실을 하고 있다.

019 매봉산 고랭지 채소 재배단지

태백에서 35번 국도를 타고 강릉으로 가려면 첫 번째 넘어야 하는 고개가 삼수령이다. 이 고개를 넘자마자 왼편으로 난 시멘트 포장길을 따라 한참을 오르면 널찍한 완경사지가 나타난다. 대략 해발고도 1,100m 고지에 펼쳐진 이곳이 우리나라에서 고랭지 배추를 재배하는 배추밭 중 가장 높은 곳이다. 지형학자들은 이처럼 높은 곳에 위치한 평탄지를 고위평탄면이라 하고, 신생대 제3기 한반도가 현재처럼 융기하기 이전에 하천의 침식으로 만들어진 평탄면의 흔적으로 이해하고 있다. 대관령 부근의 삼양목장 일대 역시 고위평탄면의 또 다른 예이다.

이곳은 고위평탄면이라는 지형 요소와 고랭지 채소 재배단지라는 토지이용이 절묘하게 결합되어, 지리학자들에게 많이 알려진 곳이다. 이제는 은퇴하셨지만 지오포토에 관한 한 독보적이셨던 한 교수님과 이곳에서 사진에 관해 나누던 대화가 생각난다. 그분 생각으로는 도로를 사진 한가운데 넣으면 도로변의 주택과 주변의 밭이 자연스럽게 사진에 포함될 것이라 했다. 풍경 사진에서 말하는 3분할의 법칙은 지오포토에서는 별 소용이 없다는 지적이다. 하지만 그분의 책에 실린 사진과는 달리 내 사진에서는 전경으로 배추밭을 포함해 보았다.

43

020 호산해수욕장과 솔섬

7번 국도를 타고 경상북도에서 강원도로 진입하자마자 내리막길 오른편에 호산해수욕장이 나타난다. 이 해수욕장은 도 경계 부근에 있어 그간 개발과는 무관했으며, 태백산맥에서 발원한 맑은 가곡천이 바다로 흘러드는 곳이라 동해안에서 가장 깨끗한 청정 해안 중의 하나였다. 하지만 이곳 역시 개발의 손길을 피할 수 없었는지, 한국가스공사가 이곳을 LNG 비축기지로 선정하였다. 개발 과정에서 만난 첫 번째 복병은 이곳이 개발 불가능한 지형보전 1등급 판정을 받은 곳이라 는 사실이었다. 하지만 국가가 개발하기로 마음먹은 이상 불가능이란 없어 재심사, 재재심사 과정을 거쳐 등급이 하향되 면서 문제가 사라지는 듯했다.

2009. 9.

이번에는 엉뚱한 곳에서 또 다른 복병을 만났으니, 바로 솔섬이었다. 하천과 바다가 만나는 하구 한가운데 소나무로 덮인 하중도가 솔섬인데, 영국 출신이며 현재 미국에서 활동 중인 사진작가 마이클 케냐가 이 솔섬의 흑백사진을 세상에 공개한 것이다. 뒤늦게 솔섬의 경관적 가치를 발견한 사진작가들과 시민 단체들이 힘을 합쳐 이 섬을 지키겠다고 나섰다. 삼척시는 솔섬을 보존하고 그 뒤쪽으로 공장을 짓겠다면서 한 발 물러섰다. 시민운동의 승리에 축배를 들었는지는 모르겠으나, 결국 호산해수욕장은 사라졌다. LNG 비축기지 속에 파묻힌 솔섬의 모습을 상상하니 아주 우울하다.

45

2004. 4.

021 나한정 스위치백

1962년 개통된 동해북부선(강릉-묵호), 1940년 개통된 철암선(묵호-철암), 1955년 개통된 영암선(철암-영주)을 통합하여 1963년에 영동선으로 명명하였다. 철암선은 삼척탄전의 개발을 위해 건설되었는데, 나한정과 통리 사이의 급경사를 극복하기 위해 스위치백과 인클라인이라는 특수한 방법을 사용하였다. 그중 인클라인은 통리에서 심포까지 경사 18°, 길이 1.1km의 급경사 구간에서 철재 로프로 화물차와 객차를 끌어올리는 방법인데, 이때 사람들은 걸어서 오르내렸다. 1963년 이 구간에 산록을 우회하는 8.5km 길이의 황지본선이 만들어짐으로써 인클라인은 폐쇄되었다.

당시에 만든 스위치백은 2012년까지 운행되었다. 도계를 거쳐 나한정에 도착한 열차는 후진으로 흥전역까지 올라간 후, 다시 진행 방향을 바꾸어 심포까지 간다. 여기서부터는 황지본선을 이용해 통리역까지 오르막을 오른다. 반대로 통리에서 나한정까지의 내리막도 같은 방법을 이용한다. 사진은 나한정역이며, 열차가 있는 선로가 나한정-도계 구간이고, 빈 철로가 나한정에서 흥정으로 오르는 스위치백 구간이다. 2012년 도계와 동백산 사이에 루프식 솔안터널이 완공되면서 스위치백과 함께 나한정, 흥전, 심포, 통리역은 추억의 뒤편으로 사라지고 말았다. 물론 관광열차로서 새로운 명물이 될 수도 있겠지만.

022 하천쟁탈과 미인폭포

일반적으로 침식력이 강한 급경사의 하천이 두부침식headward erosion을 진행하면서 분수계를 넘어 완경사의 다른 하천 상류를 잠식하면서 유로를 연장하는데, 이를 하천쟁탈이라 한다. 이때 쟁탈당한 하천의 일부 유로에는 풍극이라 하는 물이 흐르지 않는 과거 유로가 나타난다. 사진 중앙에 노암으로 된 v자형 계곡 끝에 미인폭포가 있으며, 그 상류로는 아주 완만한 계곡이 이어진다. 하천쟁탈을 당하기 전 낙동강 지류였던 '옛 철암천' 최상류 구간은 현재 미인폭포를 통해 오십천으로 흘러 동해로 이어진다.

태백시에서 38번 국도를 따라 통리 고개를 넘으면 삼척시로 접어든다. 시 경계에서 내리막길을 따라 조금만 가면 오른편

2002. 8.

에 고원관광휴게소가 나타난다. 이 사진은 휴게소에서 미인폭포를 향해 동쪽을 바라보고 촬영한 것이다. 폭포의 오른편
에는 신리로 넘어가는 폭포와 같은 높이의 427번 지방도로 흔적이 숲 사이로 보이는데, 도로변은 좁지만 비교적 평탄해
쟁탈당하기 전 '옛 철암천' 유로의 흔적으로 유추된다. 한편 폭포의 왼편 산등성이에는 경작이 이루어지고 있는 소규모
평지가 나타나는데, 사진에서는 밝은 녹색을 띠고 있다. '높은기'라 불리는 이곳 평탄면은 오십천 하안단구의 흔적일 가
능성이 있다.

023 높은기에서 본 백두대간

태백산(1,567m)에서 함백산(1,572m)으로 이어지는 백두대간은 사진 좌측 가운데 있는 연화산(1,171m)에 가려 멀리 그 일부만 희미하게 보인다. 백두대간은 함백산에서 북쪽으로 싸리재를 넘으면서 그 방향을 동쪽으로 바꾸고는, 사진 중앙에 있는 매봉산 천의봉(1,303m)까지 이어진다. 사진에서 보듯이 그 이후 백두대간은 도계-삼척 간 38번 국도와 영동선 철도가 지나는 오십천 계곡과 평행하게 북쪽으로 달린다. 정면에 보이는 능선이 하나가 아니듯이, 사진을 찍고 있는 곳 그리고 등 뒤에도 남북방향의 능선이 나란히 달리고 있다. 이 능선들이 모두 태백산맥의 일부이다.

2002. 8.

해발 약 700m에 위치한 높은기로 가려면 태백에서 38번 국도를 타고 삼척 방향으로 가다가 통리에서 미인폭포로 가는 427번 지방도로 우회전한다. 미인폭포를 지나 왼편으로 신둔지라는 아주 작은 마을로 들어서서 계곡을 건너면 높은기로 가는 험한 소로가 이어진다. 멀리서 바라볼 때와는 달리, 높은기는 비교적 넓고 평탄하여 대규모의 고랭지 배추 재배지로 이용되고 있다. 이곳은 백두대간을 제대로 조망할 수 있는 훌륭한 조망점 중의 하나이며, 조망 대상이 서쪽에 있어 늦은 오후가 아니라면 언제든지 좋은 사진을 얻을 수 있다.

2001. 9.

024 탑카르스트 선돌

4차선 38번 국도 덕분에 요즘 제천에서 영월로 가는 것은 쉽다. 제천에서 영월로 가자면 영월 초입에서 터널, 다리, 또다시 터널을 지나면 어느새 방절리 구하도에 이르고 곧 영월읍과 청령포에 도착한다. 이전에는 31번 국도 영월과 평창 갈림길에서 영월 쪽으로 우회전해 소나기재를 넘고 단종 능인 장릉을 지나야 비로소 영월에 이를 수 있었다. 소나기재를 넘자마자 오른편에 넓은 공터와 주차장이 나타나는데, 바로 이곳이 선돌 입구이다. 이전에 선돌은 지나가는 길에 있어 큰 어려움 없이 찾고는 했으나, 이제는 이곳을 찾겠다는 구체적인 계획을 세우지 않으면 그냥 지나치고 만다. 입구에서 산길을 따라 조금 가면 선돌 전망대가 나온다.

사진은 전망대에서 서강의 하류 쪽, 다시 말해 영월이 있는 동쪽을 바라본 것이다. 탑카르스트로 유명한 중국의 구이린桂林이나 베트남의 하롱베이와 비교한다면, 단지 2개의 석회암 기둥이 우뚝 솟아 있는 이곳 선돌을 탑카르스트로 지칭하기가 민망하다. 하지만 석회암의 풍화와 풍화층의 제거라는 탑카르스트의 형성 과정이나 그 형상만은 그것들과 일치한다. 강 오른편 하안에는 대략 2~3단의 하안단구가 보이며, 멀리 산록에도 하안단구로 보이는 경사변환점이 확인된다.

2001. 9.

025 선돌에서 본 하안단구

하안단구란 과거의 하상이나 범람원이 융기하여, 홍수 시에도 범람이 되지 않는 하천 변의 평평한 대지를 말한다. 하안단구와 하천과의 경계나 상위 단구와 하위 단구와의 경계를 따라 급경사의 절벽이 나타나므로, 높이가 다른 여러 개의 단구가 마치 계단처럼 보일 수도 있다. 우리나라에서 볼 수 있는 하안단구의 대부분은 단구면이 두부를 자른 듯이 매끈하지 않고 하천 쪽으로 미약한 경사를 보인다. 이는 단구면이 노출된 후 적어도 수만 년 동안 배후산지로부터 퇴적물이 중력에 의해 사면을 따라 이동한 결과이다.

사진은 선돌에서 서쪽으로 서강의 상류를 바라보고 촬영한 것이다. 멀리 보이는 산들은 영월(강원도)과 제천(충청북도)의 경계를 이루는 산릉들이다. 왼편에 송전탑과 독립가옥이 들어서 있는 하안단구의 가장자리에는 기반암으로 된 단구애가 발달해 있으며, 같은 하안을 따라 멀리 취락이 입지해 있는 하안단구보다는 고도가 더 높다. 하천 오른쪽의 하안단구는 왼편의 낮은 하안단구와 고도가 같다. 같은 시기에 형성된 같은 높이의 하안단구가 하천 양안에 대칭적으로 나타나기도 하지만, 한쪽에만 나타나는 경우도 있다. 이곳은 취수가 어려워 밭농사 위주이며, 산촌散村의 형태를 띤다.

2005. 7.

026 한반도지형 선암마을

곡류하천을 가리키는 우리말로는 물도리, 물굽이 등이 있는데, 범람원에서 자유로이 곡류하는 자유곡류하천과 구분해서 감입곡류하천이라는 어려운 학술 용어를 사용한다. 감입곡류하천의 경우 계곡 자체가 곡류하고 있다. 곡류하천 만곡부의 산각이 한반도를 닮았다는 의미에서 이름 붙여진 한반도지형은 이제 전 국민적 고유명사, 아니 일반명사가 되었다. 곡류하천이 발달한 남한강 유역의 여러 시·군에서는 지역 관광 상품의 주요 아이콘으로 한반도지형을 이용하고 있다. 특히 영월군은 2009년 10월 선암마을 한반도지형을 이러한 지형의 원조로 자리매김하려는 의도에서 영월군 서면을 영월군 한반도면으로 개칭했다.

감입곡류하천은 동해가 갈라지고 한반도가 융기하기 이전인 신생대 제3기 중엽에 한반도가 하천침식에 의해 평탄했다는 증거로 제시된다. 그 이후 지반의 융기로 하방침식이 진행되면서 과거 자유곡류하천의 평면 형태가 그대로 유지된 채 하도가 깊어진 것이다. 선암마을 한반도지형은 한반도 동고서저의 지형적 특색을 모식적으로 보여 주고 있으며, 왼편의 모래톱은 서해안의 간석지를 닮았다. 한반도지형 전망대로 가려면 산길을 따라 제법 가야 한다. 산길 주변 평탄한 곳이 바로 평창강의 하안단구이며, 이곳에는 석회암의 용식지형인 돌리네가 곳곳에 나타난다.

2011. 9.

027 병방치에서 본 감입곡류와 구하도

영월의 선암마을을 필두로 한반도지형은 이제 지역 관광 상품의 아이콘이 되었으며, 이곳 정선도 예외는 아니어서 두 곳이 유명세를 타고 있다. 하나는 정선읍 북동쪽에 있는 덕송리 일대이며 동강으로 둘러싸여 있다. 하천을 건너 문곡리 뒤로 상정바위(1,006m)라는 제법 높은 산이 있으며, 정상 부근 전망대에서 정선의 한반도지형을 조망할 수 있다. 하지만 하천의 일부가 능선에 가려 완벽한 모습은 아니다. 다른 하나가 바로 이곳이다. 정선읍 남서쪽의 광하리에 있는 동강의 감입곡류 구간으로 그 형상이 한반도를 정확하게 닮지는 않았지만 완벽한 형태의 감입곡류 형상을 비교적 높은 곳에서 조망할 수 있다.

이곳을 조망할 수 있는 병방치에는 병방치하늘길이라는 조망 시설이 만들어져 있다. 투명 발판으로 된 U자 형태의 전망용 난간인데, 절벽 위로 삐죽이 내밀어져 있어 쳐다보기만 해도 아찔하다. 조만간 개장될 예정이라며 아직 출입문이 굳게 닫혀 있다. 난간 바로 밑 절벽에 한 사람 겨우 설 수 있는 공간이 있고 그곳까지 샛길이 나 있어 사진 촬영이 가능했다. 이곳에서 덤으로 볼 수 있는 것은 광하리의 구하도와 미앤더코어이다. 사진의 우상단에 보이는데, 현 하도과 구 하도의 고도 차이는 하도가 절단된 뒤 융기한 높이이기 때문에 이를 바탕으로 이 지역의 융기 속도를 가늠해 볼 수 있다.

028 돌리네와 낙수혈

카르스트 지형에서 가장 흔한 지형인 돌리네는 그 형상이 오목한 접시 모양인데, 지름이 수 미터에서 수백 미터로 크기는 다양하다. 돌리네는 용식이 진행되면서 점점 커지기도 하고 지하의 석회굴이 무너지면서 함몰하기도 한다. 사진의 지형은 용식 돌리네로 오목한 곳에 내린 빗물은 낙수혈sink을 통해 빠져나가는데, 하나의 돌리네에 한 개 이상의 낙수혈이 나타난다. 낙수혈은 지하 동공이나 석회동굴로 이어지는 경우가 많고, 낙수혈이 붕락하면 위험하기에 밭주인들은 돌이나 흙으로 낙수혈을 메워 버리기도 한다. 이 때문에 우리나라에서는 낙수혈이 남아 있는 돌리네를 보기 어렵다.
사진은 정선군 남면 유평리 말미산 북쪽의 경작지이다. 답사 중 차를 돌리기 위해 들어선 곳에서 뜻밖의 지형을 만났다.

2012. 8.

돌리네는 길이 250m, 폭 100m로 그 규모도 대단했지만, 무엇보다 눈길을 끄는 것은 배수를 위해 남겨 둔 낙수혈이었다. 고랭지 배추(해발 700m)를 재배하는 이곳 주변에는 돌리네를 경작지로 개간한 돌리네가 곳곳에 남아 있다. 밭 가장자리에 보이는 하얀색 기반암은 풍화층이 제거되면서 드러난 석회암이며, 풍화 잔존 암괴는 경작을 위해 옮겨 놓았다. 낙수혈 주변은 조금씩 붕괴되고 있는데, 그곳에도 배추가 빼곡히 심겨 있다. 농약을 뿌리고 있는 농부와 화물차가 이곳의 규모를 가늠케 한다.

029 능경봉에서 본 대관령 저위평탄면

일반적으로 과거 오랜 기간 삭박을 받아 평탄해진 지역이 융기하고, 이후 침식을 받는 과정에서 과거의 평탄면이 화석처럼 남아 있는 곳을 고위평탄면이라 한다. 고위평탄면은 한반도의 융기와 동고서저 지형을 설명하는 증거인 동시에, 개간을 통해 고랭지농업과 목축업에 이용되는 생활 공간이기도 하다. 이 사진은 백두대간 능경봉 남쪽의 전망대에서 대관령면 방향으로 촬영한 것이다. 이 전망대에 오르기 위해서는 대관령에서 남쪽으로 능경봉을 지나오거나 닭목령에서 북쪽으로 접근해야 한다. 어느 쪽이든 두 시간 이상 걸어야 하지만, 안반데기라고 불리는 고랭지 채소 재배단지까지는 차로 접근하고 거기서 고루포기산을 거쳐 접근하면 30분 만에 도달할 수 있다.

2018. 4.

사진 왼편, 마을이 들어선 곳이 대관령면 소재지이다. 과거 이곳 지명은 평창군 도암면이었으나 2007년 대관령면으로 바뀌었다. 오른쪽 멀리 흰색 기둥 모양의 풍력발전소가 들어선 곳이 삼양목장과 선자령이고, 그보다 오른편 능선의 개간 지는 양떼목장이다. 삼양목장과 대관령면 소재지와의 고도차는 약 200m 이상 되는데, 이는 융기 이후 삼양목장 주변 고위평탄면이 침식을 받아 낮아진 결과로 형성된 저위평탄면이다. 농사가 시작되기 전이라 저위평탄면 전체가 농지로 개간된 모습이 잘 드러나 있는데, 대부분 밭으로 이용되고 있으며 감자와 배추가 주 경작물이다.

030 백룡동굴과 칠목령

백룡동굴은 동강 연안 절벽에 있는 석회동굴인데 2010년에서야 비로소 일반인에게 공개되었다. 예약제로 운영되며, 아직까지 탐방객들이 많지 않기 때문에 종유석은 원래의 색상과 모습을 유지하고 있다. 동굴 안에 조명 시설이 전혀 없고 별다른 편의 시설이 없다. 따라서 좁은 통로를 통과할 때면 옷이 물에 젖기 때문에 관리소에서 제공하는 상하의가 붙은 빨간색 작업복과 헬멧을 착용해야 한다. 일반인에게 이곳 여행은 체험형 동굴 탐험을 넘어서서 가히 어드벤처형 동굴 탐험이 되고 만다.

영월에서 백룡동굴까지 직선거리로는 30km가 채 되지 않지만, 한참을 둘러가야 하기 때문에 무려 1시간 반 이상이 걸

2010. 9.

린다. 게다가 백룡동굴 견학에도 2시간가량 소요된다. 이런 수고에 대한 보답으로 컴컴한 백룡동굴 하나만으로는 부족
하다. 백룡동굴에 가거든 꼭 칠목령에 오르자. 백룡동굴 관리소에서 약 50분 정도 가면 칠목령에 도착한다. 경사도 심하
지 않고 등산로도 잘 정비되어 비교적 수월하게 오를 수 있다. 칠목령은 영월, 평창, 정선 세 군이 만나는 곳에 있으며, 전
망대에서 보이는 동강의 장쾌한 물돌이는 우리나라 내륙에서 볼 수 있는 경관 중 가장 다이내믹하다. 촬영 시각은 언제
든 상관없으나, 아침 햇살에 발갛게 물든 건너편 하안단구 위 바새마을의 모습이 장관이다.

경기·인천

2010. 6.

031 용문사 은행나무

해발 1,157m의 용문산은 서울 동쪽에 위치한 독립 산괴로, 대략 동서로 8km, 남북으로 5km에 걸쳐 있다. 깊은 계곡과 폭포가 곳곳에 나타나며, 용문산 북서쪽 고도 700~1,100m일대에는 약 4km²의 고위평탄면이 나타난다. 6.25 전쟁 당시 이곳 용문산 일대는 중공군의 제2차 춘계공세(1951년 5월)를 저지하기 위해 주저항선이 구축된 곳으로, 국군 제6사단은 중공군 63군 예하 3개 사단의 공격을 막아 내었을 뿐만 아니라, 반격을 가해 2만 명에 가까운 적을 섬멸하고 가평 북방까지 추격하였다. 이 전투 덕분에 전선은 60km 북상하였다.

용문산 남쪽 산록의 계곡에는 고찰들이 여럿 있는데, 그중에서 용문사가 많이 알려져 있다. 특히 경내에 있는 은행나무는 천연기념물 제30호로 지정되었는데, 수령 1,110년, 높이 60m, 둘레 4m로 동양에서 가장 큰 은행나무라 한다. 비교적 넓은 경관을 담은 사진들이 주를 이루는 이 사진집에 은행나무 사진을 실은 이유는 두 가지이다. 하나는 몸이 약한 여동생이 풍요의 상징인 은행나무 사진을 집에 걸어 놓고 싶다고 해서 찍었던, 나로서는 누군가의 요청에 부응한 첫 번째 사진이기 때문이다. 다른 하나는 나무 크기를 가늠해 볼 수 있는 스케일로 사람과 절집을 절묘하게 담았음을 자랑하기 위함이다.

2009. 9.

032 백령도 두무진

백령도는 인천에서 직선거리로 190km가량 떨어져 있지만, 북한 장산곶과는 단지 17km 떨어져 있다. 백령도는 그 위도가 37°52′이라 비슷한 위도에 있는 북한의 옹진, 해주와 함께 6.25 전쟁 이전부터 대한민국에 속한 땅이었다. 전쟁 후 서해 지역의 휴전선이 38선 이남으로 확정되는 바람에 백령도 인근 육지는 모두 북한 땅이 되고 말았다. 최근 북한의 도발에 따른 여러 가지 사건은 이러한 백령도의 입지에서 비롯된 것이다. 백령도가 북한의 턱 밑을 겨냥하고 있는 형세이지만, 한편으로는 북한의 위협에 송두리째 노출되어 있는 꼴이다.

백령도 서북쪽 해안을 따라 4km가량 50~100m 높이의 규암 절벽이 늘어서 있으며, 특히 두무진에는 사진에서 보는 바와 같이 개별 암주가 위풍당당하게 해안가에 자리를 잡고 있다. 규암은 약 10억 년 전 선캄브리아기에 형성된 사암이 변성을 받아 만들졌다. 이처럼 긴 세월 동안 단층이나 습곡을 받지 않고 그것도 기울어짐 없이 수평층을 유지하고 있는 것이 신기할 정도이다. 백령도에는 두무진 이외에 천연 비행장 역할을 할 수 있는 사곶해안, 바둑알 크기의 매끈매끈한 규암 자갈로 이루어진 콩돌해안 등 훌륭한 관광 자원을 가지고 있다. 하지만 현재의 뱃길은 너무 멀고 파도가 높으면 수시로 끊긴다.

2009. 9.

033 대청도 농여해수욕장

백령도에서 쾌속선으로 20여 분을 가면 대청도가 나온다. 대청도와 소청도는 백령도에 가려 일반인에게 덜 알려져 있지만, 그 덕분에 천혜의 자연미를 그대로 간직하고 있다. 이곳 대청도에는 옥죽포, 농여, 사탄동, 탑동 등 해수욕장이 여럿 있는데, 그중에서도 농여해수욕장이 압권이다. 농여해수욕장은 백령도의 사곶해수욕장과 마주보고 있는데, 이 두 해수욕장의 모래는 규암에서 비롯된 매우 가는 모래이며, 물이 빠져나간 넓은 백사장은 비행기가 이착륙을 할 수 있을 정도로 표면이 단단하다. 이는 모래로 된 간석지의 특성 중 하나이다.

물을 흡착하는 진흙과는 달리 모래는 물을 머금어도 질퍽거리지 않고 단단하다. 연인과 함께 해변을 거닐 때 바닷물과 만나는 해안가를 선호하는데, 경사가 급한 모래 해안에서 단단한 곳이라고는 해안선 부근뿐이기 때문이다. 하지만 경사가 완만한 모래해안은 간조 시에 드러나는 면적이 넓을 뿐만 아니라 물도 잘 빠지지 않으며, 12시간 후에는 물이 다시 들어오므로 모래의 공극은 늘 물로 채워져 있다. 이 때문에 비상시에 해안을 활주로로 사용할 수 있을 정도로 늘 단단하다. 사진을 찍기 위해 무리해서 절벽 위를 올랐으나 내려올 일이 막막해서 난감했던 기억이 난다.

034 대청도 옥죽동 해안사구

해안사구란 해변에 있는 모래가 바다에서 불어오는 바람에 의해 육지 쪽에 쌓인 모래 언덕을 말한다. 이러한 모래 언덕은 우리나라 해안을 따라 거의 모든 곳에서 나타나지만, 이곳 옥죽동 해안사구가 특별한 것은 그 규모와 높이 때문이다. 넓게 펼쳐진 농여해수욕장과 옥죽포해수욕장의 아주 가는 모래가 겨울철 강한 북서풍을 타고 육지로 날려가 산등성이에 쌓였는데, 그 면적은 가로 1km, 세로 0.5km에 이르고 배후산지 쪽으로는 해발고도 80여 미터까지 모래가 쌓여 있다. 바람이 심한 날에는 산을 넘어 반대편 선착장까지 불려 간다고 한다.

옥중동에는 '모래 서 말은 먹어야 시집을 간다'는 말이 있을 정도로 모래바람이 불어 주민들의 생업은 물론이고 일상생활마저 불편할 정도였다. 모래바람을 막고 사구를 안정화시킬 목적으로 1980년대부터 계속해서 이곳 사구에 소나무를 심었다. 사진 중앙에 보이는 숲이 바로 그 소나무들이다. 덕분에 모래바람도 줄어들었고, 식생은 점차 사구 표면을 덮기 시작했다. 이제 이곳 옥죽동의 상징인 해안사구는 더 이상 명물이 될 수 없고, 관광객의 발길도 뜸해질 것이다. 물론 주민들의 평안한 삶이 우선이다. 하지만 규모가 크고 한눈에 알아볼 만큼 정형화된 자연환경은 교육적인 측면에서 또다른 가치가 있지 않을까?

2009. 9.

충남·충북

035 계룡산

계룡산의 최고봉은 천황봉(845m)이지만, 일반인의 접근이 불가능하다. 정상에 군사 시설이 있을 뿐만 아니라 그 남쪽에 계룡대가 있어서 그렇겠거니 상상만 해 본다. 사진을 촬영한 곳은 관음봉(756m) 정상에 있는 정자 부근인데, 이를 중심으로 대략 120도 각도를 이루면서 북서쪽 계곡에 갑사, 동쪽 계곡에 동학사, 남서쪽 계곡에 신원사가 있다. 대략 천황봉-관음봉-수정봉으로 이어지는 남-북 방향의 능선이 계룡산의 주능선이며, 여기에 직각으로 이어진 두 산줄기가 사진에 보이는 좌우 능선이다. 이 두 능선 사이의 계곡이 동학사계곡이며, 계곡 한가운데 보이는 절이 바로 동학사다.

동학사는 우리나라에서 가장 오래된 비구니 강원으로, 현재도 비구니 사찰이다. 도참사상의 영향으로 계룡산 일대는 한

2008. 12.

때 신흥 종교와 유사 종교의 온상이었으나, 1984년 정화운동의 결과 거의 사라졌다. 이곳의 지질은 중생대 쥐라기에 관입한 대보화강암으로, 화강암에서 볼 수 있는 판상절리로 인한 급경사의 암벽이 능선 곳곳에 나타난다. 특히 사진의 왼편 능선은 삼불봉에서 관음봉으로 이어지는 자연성릉이라는 이름의 아주 거친 능선인데, 자연적으로 만들어진 성곽처럼 생긴 능선이라는 뜻이라고 한다. 판상절리면은 예상보다 매우 미끄러운데, 화강암을 이루는 일부 조암광물의 특성 때문으로 생각되지만 확인한 바 없다.

036 신두리 해안사구

이 사구는 태안반도 북서쪽, 태안군 원북면 신두리에 있으며, 길이 약 3.4km, 너비 500m~1.3km에 달하는 우리나라 최대의 해안사구이다. 인접 해역이 대체로 모래로 구성되어 있어 간조 때면 넓은 모래 갯벌과 사빈이 노출된다. 특히 사빈의 방향이 북동-남서 방향으로 발달해 있어서 겨울철 강력한 북서계절풍과 직각으로 만나기 때문에, 사빈 배후에 대규모의 사구가 형성될 수 있는 좋은 조건을 지니고 있다. 사구 주변에는 높은 곳이 없기 때문에, 사구 전체를 사진에 담기가 쉽지 않다. 이 사진은 해변에 있는 가게 옥상에서 촬영한 것이다.

2010. 2.

해안사구는 육지와 바다 사이의 생태적 완충지역이고, 폭풍, 해일로부터 해안선과 농경지를 보호한다. 사구에 포함된 지하수는 해안가의 식수원 구실을 하며, 사시사철 아름다운 경관이 연출된다. 신두리 해안사구는 태안해안국립공원 구역에서 빠져 있다. 한때 펜션, 골프장 건설 등 난개발이 진행되어 환경운동가를 비롯한 세인들의 관심이 집중되기도 했지만, 2001년에는 사구의 원형이 잘 보존된 북쪽 지역 일부가 천연기념물 제431호로 지정되었다. 주변에 사구습지인 두웅습지가 있으며, 사진에서 연기를 내뿜는 곳은 학암포 옆 태안화력발전소이다.

2001. 10.

037 진천 농다리

"살아서 농사를 짓기 위해 건너고 죽어서는 꽃상여에 실려 건너던, 사람과 공존하는 다리, 바로 진천 농다리다." 작은 돌다리 하나에 지나치게 의미를 부여해 부담스럽지만 이만한 글재주도 부러워, 어느 인터넷 사이트에 실린 글을 인용해 보았다. 이 다리는 중부고속도로 상행선을 타고 진천터널을 지나 진천IC로 가다 보면 왼편에 어렴풋이 보인다. 원래는 미호천 지류인 세금천을 건너 진천군 문백면과 초평면을 잇던 다리였다. 그러나 1958년 충북에서 가장 큰 영농저수지인 초평저수지가 축조되면서 초평면 쪽 길이 끊겨 다리로서 기능은 상실되었다.

진천 농다리는 붉은색의 사암과 역암을 층층이 쌓아올려 만든 돌다리로, 1,000년 넘게 그 모양을 유지해 동양에서 가장 오래된 돌다리라고 한다. 교각의 폭은 대략 4~6m이며 상단으로 갈수록 그 폭이 좁아지는데, 표면이 거친 돌을 물고기 비늘처럼 서로 맞물리게 쌓았다. 또한 상판이 직선이 아니라 구불구불한데, 이 모두는 진천농다리가 오랫동안 홍수에 견딜 수 있었던 이유들이다. 24개만 남아 있던 교각은 2008년에 원래의 28개로 복원되었다. 교각과 교각 사이의 상판은 170cm 길이의 장대석 1개와 130cm 길이의 장대석 2개로 덮여 있다.

2010. 7.

038 부소담악

"분명히 입구가 있긴 있는데, 어떻게 설명할 방법이 없네." 요즘 TV 광고에 나오는 어느 사장님의 인기 멘트를 패러디해 보았다. 신문지상에서 이곳의 사진을 본 후, 언젠가 한번 가 보아야지 하면서 신문, 인터넷을 마구 뒤졌다. 도무지 입구를 알 수 없었지만, '나도 프로페셔널인데 여기를 못 찾을까봐' 하면서, 무작정 추소리로 향했다. 빤히 보이는 나지막한 산에서 조망 포인트를 찾느라, 오후 내내 산속을 헤맸다. 주민들에게 물으니 모른다고 하고, 가려진 입구 옆에 있는 절 집에 물어도 모르쇠로 일관했다. 어떤 이는 엉뚱한 길을 알려주기도 했다. 하기는 등산객, 사진가들이 몰려와도 그곳 주민들에게 득 될 것은 별로 없고, 쓰레기만 남을 터이니까.

대청호가 생기기 전 이곳은 감입곡류를 하던 소옥천의 한 구간이었으나, 하도가 물에 잠겨 특이한 지형이 만들어지면서 부소담악이라는 별칭을 얻게 되었다. 인터넷에 설명된 부소담악의 어원을 찾아 조합해 보면, "이곳의 풍수형국이 연화부소형이라 마을 이름이 부소무니인데, 부소무니 앞 물 위에 떠 있는 산이라 해서 부소담악이라 한다."는 것이다. 부소담악의 한자도 赴召潭岳, 芙沼潭岳 등 각기 다르고, 과연 이 이야기가 맞는지 확인할 길이 없다. 하지만 길이 700m, 너비 20m, 높이 40~90m의 기다란 산각은 흔치 않은 절경임에 분명하다.

039 백화산

경부고속도로 영동–황강 구간을 하행하다 보면 왼편으로 커다란 산체가 그 위용을 자랑하고 있다. 바로 백화산인데, 2000년대 초반까지 국토지리정보원에서 발행한 각종 지형도에는 백화산맥으로 표시되어 있었다. 사진에서는 백화산의 최고봉인 포성봉(933m)이 이 산의 또 다른 봉우리 주행봉舟行峰에 가려 보이지 않지만, 주행봉이라는 이름 그대로 평지에 우뚝 솟은 산체는 마치 커다란 군함이 힘차게 달리는 모습이다. 주변에 사진을 찍을 만큼 높고 시야가 트인 곳이 없어 상행선 황간 휴게소의 주유소 옥상에서 촬영하였다. 이 휴게소 한 켠에 백화산에 대한 안내문이 있어 참고할 만하다.

백화산 주능선은 장석반암으로 된 암맥이 주변 암석(백악기 영동층군의 퇴적암)과의 차별침식 결과 남은 것인데, 건조 지역에서 볼 수 있는 뷰트butte와 비슷한 형상을 하고 있다. 이 산지의 주변에는 하천쟁탈, 하도절단과 구하도, 선행하천, 감입곡류, 하안단구 등, 우리나라 산지에서 볼 수 있는 전형적인 지형 요소들이 곳곳에서 확인된다. 따라서 백화산 일대는 학생들이나 일반인을 위한 지형학 교육의 훌륭한 학습장이 되리라 판단된다. 더 자세한 내용은, 졸고 "백화산맥의 지형지(2009)", 한국지형학회지, 16권, 4호, 1~12쪽을 참고하기 바란다.

2009. 10.

040 선행하천 석천

일반인이 웅장한 산체에 매료되어 산 사진을 찍지만, 결과는 대개 기대 이하이다. 하지만 이 사진처럼 초록색, 하늘색, 노란색, 갈색, 붉은색, 흰색이 적절하게 섞이고, 평지와 산지의 대비가 적절하게 이루어진다면 우리나라 지형 경관도 매력적일 수 있다. 한천8경의 하나인 월류봉(400m) 정상에서 북쪽을 바라보면서 백화산을 관류하며 빠져나온 석천과 남한강의 지류인 초강천이 합류하는 곳을 촬영한 것이다. 사진 오른편 노란색 논 사이를 흐르는 하천이 초강천인데, 오른쪽이 상류쪽이다. 멀리 높게 보이는 산이 백화산이며, 왼편 봉우리가 주행봉이고 오른편이 포성봉이다. 사진에서 논으로 이용되고 있는 노란색 평지는 하안단구이다.

2009. 10.

백화산은 충북과 경북의 도 경계를 이루고 있다. 따라서 백화산과 그 동편에 있는 백두대간 사이의 상주시 모동면, 모서면, 화동면, 화서면, 화남면은 경북에 속하지만 금강의 유역분지 내에 있다. 금강의 최상류인 석천은 경북 상주시 모동면 수봉리 백옥정에서 백화산으로 들어온 후 사진 중앙에 보이는 충북 영동군 황간면 원촌리 원촌교에서 백화산을 빠져나온다. 백옥정에서 원촌교까지 13.5km 구간의 석천은 백화산의 주능선을 구성하고 있는 장석반암을 관류하며 흐르는 감입곡류하천인데, 백화산이 융기하기 이전부터 흐르던 선행하천으로 판단된다. 이 구간을 따라 트레킹이 가능한데, 단풍이 만발한 가을이나 눈으로 덮인 겨울이 최적이다.

041 초강천 구하도

이 사진은 40번 사진의 바로 왼편으로, 노란색의 구하도가 두 사진 모두에 나타난다. 석천과 초강천의 합류점 남쪽에는
한천8경 중 1경인 월류봉이 있고, 그 아래는 맑은 물과 깨끗한 백사장, 하늘을 날 듯한 월류정이 어우러져 한 폭의 그림
과 같은 경관이 펼쳐진다. 월류봉 정상에서는 또 다른 경관을 볼 수 있다. 일반적으로 초강천과 구하도로 둘러싸인 구릉
지가 마치 한반도를 닮았다고 해서 인터넷 사이트에 많이 소개되고 있다. 하지만 지형학자에게는 주변의 녹색 구릉과 완
벽하게 구분된 노란색의 구하도가 더 눈에 들어온다. 토지 이용과 색상이 일치하는 전형적인 모습이다.

2009. 10.

구하도의 길이는 2.4km가량 되며 그 사이에 방추형의 미앤더코어가 보인다. 보통의 미앤더코어는 원추형인데, 이곳 미앤더코어는 방향성이 뚜렷하다. 이는 초강천 감입곡류하천 구간에서 볼 수 있듯이, 북서-남동 방향, 그리고 이에 직교하는 북동-남서 방향의 지질 구조가 반영된 결과이다. 10m가량 되는 현 하상과 구하도와의 높이 차이는 하도절단이 이루어진 이후의 융기량을 의미하는데, 하도절단 시기를 알 수 있다면 이 지역의 최근 융기량을 알 수 있다. 한편 구하도의 해발고도는 대략 160m 내외인데, 이는 초강천 하안단구의 고도와 비슷하다.

1995. 8.

042 단양군 적성면 하안단구

하안단구란 과거의 하상이나 범람원이 융기하여 홍수 시에도 범람하지 않는 평탄한 땅을 말한다. 지리학뿐만 아니라 타 분야, 특히 역사학이나 고고학에서 하안단구에 관심을 두는 이유는, 평탄하고 범람의 위험이 없어 과거부터 지금까지 농경지나 주택지로 이용해 왔기 때문이다. 따라서 하안단구에서는 구석기나 신석기 그리고 역사 시대의 유물을 발견할 수 있는 가능성이 다른 곳에 비해 상대적으로 높다. 이곳은 단양군 적성면 애곡리, 남한강 본류의 신 단양과 구 단양 사이로, 1997년 사적 398호로 지정된 수양개선사유물전시관이 바로 옆에 있다.

제대로 된 하안단구의 사진은 흔치 않다. 왜냐하면 우리나라의 하안단구는 형성 시기가 오래되고 대부분 개석을 받아, 교과서에서처럼 두부를 자른 듯이 매끈하고 평평한 단구면을 가진 하안단구가 거의 없기 때문이다. 더군다나 단구와 단구 사이의 단구애가 급애를 이루는 경우도 흔치 않다. 그러나 이곳 단구는 하천과 단구 사이의 단구애(절벽)가 기반암으로 이루어져 있으며, 단구면은 집과 농경지가 들어설 정도로 평탄하다. 덕분에 촬영 지점의 고도가 낮아 사진에서 단구면이 완전하게 보이지는 않지만, 별다른 설명 없이 하안단구임을 알 수 있다.

2010. 9.

043 사인암

1976년 20살 가을, 무슨 마음을 먹었는지 학교 수업은 뒷전으로 하고 중앙선 기차에 올랐다. 단양 8경을 보러 간 것이다. 3박4일 동안 단양 8경 주변의 민박집에 기거하면서, 하선암, 중선암, 상선암, 구담봉, 옥순봉, 도담삼봉, 석문, 사인암 등 모두를 보고 아무 일도 없었던 것처럼 서울로 돌아왔다. 비포장에다가 대중교통도 불편했던 시절, 시외버스는 물론이고 트럭 히치하이킹은 다반사였다. 상선암에 늦게 도착한 덕분에 버스를 놓쳐 호롱불을 들고 하염없이 걷다가, 배추를 가득 실은 트럭 뒤에 누워 별밤을 보던 것이 벌써 35년 전의 일이다.

단양 8경 중 지나는 길에 아직도 들르는 곳이 있으니 바로 사인암이다. 옥순봉이나 구담봉처럼 절벽이 장대한 것도 아니 며, 도담삼봉처럼 절경이 아닌데도 말이다. 아마 죽령을 넘어 단양 초입에서 쉽게 접근할 수 있는 것이 큰 이유일 것이다. 하지만 어쩌면 초등학교 시절 교과서에 실린 우탁의 시조 '백발가'가 아직도 생각나기 때문이 아닌가 한다. "십 리 밖에 가시성 쌓으니/ 백발이 먼저 알고 지름길로 찾아오네." 이 한 구절은 이제 노년을 맞이하는 중늙은이에게 매일매일의 화 두이다. 남조천 가에 우뚝 솟은 석회암 단애는 영원한데 말이다.

2014. 1.

044 소백산 연화봉

현재 우리나라에는 22개의 국립공원이 지정되어 관리되고 있다. 유형별로 산악형 18개, 해안형 3개, 사적형 1개로 구분되는데 국립공원의 절대다수는 산악형 국립공원이다. 일반적으로 우리나라에서 가장 험준한 산지는 태백산맥이라 생각하겠지만, 백두대간을 종주해본 사람이라면 속리산에서 태백산에 이르는 이른바 소백산맥 구간을 가장 험한 구간으로 꼽는다. 이를 반영하듯 소백산맥에는 속리산, 월악산, 소백산, 태백산 4개의 국립공원이 연속되어 있으며, 이 능선에는 1,000m 이상의 산봉우리들이 이어져 있다. 소백산맥은 한강과 낙동강의 분수계로서 두 하천의 두부침식에 의해 능선은 매우 좁고 양쪽으로 급사면을 이루고 있다.

비로봉(1,440m)은 소백산 국립공원의 최고봉으로, 남쪽으로 제1연화봉(1,394m), 연화봉(1,338m), 제2연화봉(1,357m), 죽령으로 이어진다. 비로봉에서 연화봉으로 이어지는 능선은 주목군락, 철쭉군락, 야생식물군락지 등 특별보호구역으로 지정되어 연중 다양한 볼거리를 제공하고 있다. 이 사진은 1월 말경 희방사에서 연화봉에 올라 제2연화봉 쪽을 촬영한 것이다. 우측에 보이는 건물은 소백산천문대이며, 멀리 보이는 제2연화봉 정상에는 소백산 강우 레이더 관측소가 설치되어 있다.

경북

2004. 9.

045 도동항

오징어는 동중국해 북동부에서 산란, 부화하여 동해, 대화퇴, 황해로 북상했다가 다시 남하하는 회유성 어종으로, 주로 7월부터 다음 해 2월까지 동해 부근에서 오징어 어장이 형성된다. 외해로 나가 대형 트롤선에서 내린 그물로 오징어를 잡기도 하지만 울릉도에서 가공되고 소비되는 오징어는 오후에 조업에 나선 작은 어선이 주로 울릉도 근해에서 채낚기로 잡은 것이다. 오징어는 주광성이라 밝은 불빛을 찾아오므로, 오징어를 잡을 때에는 집어등으로 배 주위를 환하게 밝힌다. 밤에 해안선에서 바다 쪽을 바라보면 어선 집어등의 불빛이 길게 늘어서 장관을 이룬다.

야간 내내 작업한 어선들은 새벽에 도동항이나 저동항으로 돌아온다. 봄철을 제외하고는 어느 계절이나 이른 아침에 항구로 가면 배에서 오징어를 내리고 한쪽에서 오징어를 장만하는 모습을 볼 수 있다. 많은 양의 오징어를 한꺼번에 소비할 수 없어 대개 건조 오징어를 만든다. 내장을 분리하는 할복 작업을 거친 후, 오징어 발이 서로 엉키지 말라고 댕깃대를 끼워 말리는데, 이 댕깃대가 울릉도 오징어의 트레이드마크이다. 청정 지역일 뿐만 아니라 그날 잡은 오징어를 그날로 작업하며, 오징어 몸을 당겨서 늘이는 작업을 하지 않기 때문에 이곳 오징어가 맛있다고 한다. 한편 건조대의 대나무 작대기에는 오징어가 20마리씩 끼워져 있는데, 이를 한 축이라 한다.

2004. 9.

046 88도로

2019년까지 울릉도에는 섬 일주도로가 없었다. 울릉도의 동쪽 해안이 급경사로 이루어져 있어 저동과 북동쪽 해안에 있는 섬목을 가려면 도로를 이용해 반대편 해안을 빙 둘러가거나 아니면 소형 여객선을 이용해야 했다. 섬의 북쪽과 남쪽 해안도로는 오래전부터 버스가 다녔다. 비포장 산악도로였던 현포－태하－남양 간의 서쪽 도로가 포장됨으로써 남쪽과 북쪽 해안도로가 어렵사리 연결되었다. 태하－남양 구간에는 기존의 산길 대신 해안을 따라 중산간 지역에 터널이 건설됨에 따라 새로운 도로가 만들어졌다. 그리고 마침내 2019년 저동과 섬목 사이에 도로가 개설되면서 44.5km의 일주도로가 완성되었다.

도동에서 이웃한 저동이나 사동으로 가려면 높은 고개(저동재, 사동재)를 넘어야 하는데, 도로 경사가 심해 평소에도 쉽지 않다. 하물며 폭설이 잦은 겨울철에 상대적인 경사가 더 급한 사동재를 넘는다는 것은 거의 불가능한 일이었다. 이를 극복하기 위한 아이디어가 바로 울릉대교, 일명 88도로라 하는 회전식 도로였다. 하지만 만든 지 30여 년이 되어 노후화되었고 대형 화물차가 통행할 수 없어 큰 불편을 겪자, 사동재 아래로 터널을 만들기로 했다. 2007년 완공된 울릉터널의 개통으로, 이제 88도로는 특별히 사동재 부근으로 가는 경우가 아니면 이용하지 않는 추억의 길이 되고 말았다.

047 독도를 바라보는 도동 삭도전망대

독도를 바라볼 수 있는 전망대로는 이곳 도동의 삭도전망대와 해안전망대, 저동의 내수전전망대, 북면 석포전망대 등 여
럿이 있다. 하지만 날씨 때문에 실제로 독도를 볼 수 있는 날이 며칠 안되므로, 대략 2박3일 정도의 관광 일정으로 울릉
도를 찾는 보통의 관광객의 경우 독도를 볼 수 있는 기회는 극히 적다. 1999년 개설된 삭도전망대는 망향봉(316m) 정상
에 세워져 있는데, 독도박물관 옆에 있는 케이블카를 이용하면 단 5분만에 오를 수 있다. 이곳에서는 좁은 골짜기를 따라
건물들이 다닥다닥 붙어 있는 도동 시가지의 모습을 확연하게 볼 수 있다.

2004. 9.

이곳 도동은 울릉도의 행정중심지일 뿐만 아니라 교통, 관광, 상업, 교육의 중심지이다. 오른편 하단이 도동항 여객터미널인데, 육지와 연결되는 모든 여객선들이 이곳에 접안한다. 한편 왼편 시가지 속에 운동장이 둘 보이는데, 가까운 쪽이 울릉중학교이고 먼 쪽이 울릉초등학교이다. 정면에 있는 산에 가려 보이지 않으나 산 건너편에는 동해어업전진기지가 있는 울릉도 최대 어항 저동항이 있다. 산의 왼편 안부를 넘는 도로가 하나 있는데, 저동으로 가려면 이 도로를 이용해야 한다. 해안을 따라 나 있는 산책로를 이용해도 저동까지 갈 수 있다.

048 독도

빙산은 커다란 몸체를 물속에 숨겨 두고 그 일부만 바다 위로 삐죽 내밀고 있는데, 울릉도나 독도 역시 이와 비슷한 형태이다. 독도는 화산체의 정상 부분이 해파의 침식을 받아 이제 그 흔적만 남았지만, 바다 속으로는 높이 2,000m가 넘는 거대 화산체와 연결되어 있다. 울릉도와 독도 이외에 동해안에는 이러한 화산체가 여럿 있지만, 모두 오랜 시간 침식 작용을 받아 정상부가 평평해진 후 다시 해수면 아래로 침강했다. 정상부가 평평한 심해 화산체를 평정해산guyot이라 하는데, 동해에 있는 안용복 해산, 김인우 해산, 이규원 해산 등이 그 예이다.

독도의 큰 섬은 동도와 서도이며, 87개의 바위섬이 주변에 흩어져 있다. 여객선 선착장이 있는 곳은 동도이며, 이 사진

2009. 4.

역시 동도에서 서도를 찍은 것이다. 제대로 된 사진을 찍자면 초소가 있는 높은 곳까지 가야겠지만, 일반인은 이곳 몽돌 해변이 끝이다. 이나마 날씨가 좋아 정박이 가능할 경우에 한한다. 여기저기 부탁해 볼 수도 있었겠지만, 보통 사람이 누구의 간섭 없이 오를 수 있는 곳에서 사진을 찍는 것이 내 지오포토의 모토이다. 그래야 재현 가능하기 때문이다. 사진을 다시 보면서, 30여 년 전 울릉도에서 만났던 독도의용수비대 홍순칠 대장이 생각난다. 아주 매력적인 남자로 기억하고 있다. 누군가 그분을 주인공으로 소설을 썼으면 좋겠다.

049 행남해안산책로

이 산책로로 가려면 여객터미널에서 도동 반대 방향으로 길을 잡아야 한다. 작은 철재 계단을 넘으면 산책로가 시작되는데, 다리, 철재 난간, 계단, 동굴들로 이어진다. 구불구불, 오르락내리락 1km가량 가면 이 해안산책로는 끝나고 오른편으로 도동등대(행남등대)로 가는 길이 나온다. 등대에 오르면 저동항이 보이고 행남해안산책로와 이어져 저동 촛대바위까지 가는 또 다른 해안산책로가 해안을 따라 펼쳐진다. 계속 걷고자 한다면 저동 내수전전망대에서 복쪽 해안의 석포마을까지 가는 옛길이 있는데, 울창한 삼림으로 덮여 있어 울릉도의 또 다른 묘미를 즐길 수 있다. 이 모두를 주파하려면 적어도 4시간은 걸린다.

산책로를 따라 걷다 보면 육지에서 볼 수 없는 암석들을 만난다. 대규모 폭발성 분화에 의해 엄청난 양의 화산재가 쌓여 만들어진 응회암 위를 점성이 높은 조면암질 마그마가 덮고 있다. 게다가 화산재와 용암부스러기가 용암처럼 흐르다 쌓인 화산쇄설암이 그 위를 덮고 있다. 이들 암석들은 다공질이고 침식에 약해 파랑의 침식으로 만들어진 해식애와 해식동굴들이 해안을 따라 곳곳에 나타난다. 또한 풍화에 의해 만들어진 움푹움푹한 구멍(지형학적 용어로 타포니: 풍화혈)을 해식애 곳곳에서 쉽게 관찰할 수 있다.

2004. 9.

050 나리분지

사진에 보이는 평지가 나리분지이고, 멀리 구름에 살짝 가린 봉우리가 성인봉이다. 오른편에 나지막한 오름이 보이는데, 이것이 칼데라의 중앙화구구인 알봉(538m)이다. 칼데라는 용암이 빠져나가는 자리로 산 정상부가 함몰되면서 만들어 진 것이다. 지금부터 2만 년 전에서 1만 년 전 대규모 분화로 기존의 칼데라가 확장되었으며, 최후의 분화는 지금부터 약 6,300년 전에 일어났다. 이때 만들어진 알봉에 의해 기존의 칼데라가 알봉분지와 나리분지로 나누어졌다. 알봉에서 분 출한 화산쇄설물이 주로 이 알봉의 북쪽에 쌓여 나리분지보다 알봉분지의 고도가 더 높다.

2004. 9.

현재 이곳은 식당과 민박집이 들어서서 농촌 관광지의 면모를 갖추고 있지만, 1978년 처음 이곳을 찾았을 때 나리분지는 세상과 격리된 섬 속의 섬이었다. 작은 농가들이 넓은 분지 바닥에 띄엄띄엄 산재해 있었고, 주민이 사는 너와집도 볼수 있었다. 해 질 무렵 도착한 30명가량 되는 우리 일행은 삼삼오오 뿔뿔이 흩어져서 식사와 잠자리를 해결해야만 했다. 나리분지는 논농사를 짓던 울릉도 유일의 평지였으나, 현재는 천궁과 같은 약초와 고추냉이를 재배함으로써 주민들은 고소득을 올리고 있다. 이 사진은 천부로 내려가는 길 초입에서 촬영한 것이다.

2004. 9.

051 추산

1978년부터 2016년까지 울릉도를 13번 다녀왔는데 갈 때마다 매번 추산, 즉 송곳산(430m)을 보았다. 그때마다 생각나는 한마디가 바로 낭중지추囊中之錐였다. 낭중지추란, 주머니 속 송곳은 언젠가 그 날카로움을 드러낸다는 의미의 사자성어이다. 이 사자성어는 지방에서 30년 가까이 7평짜리 독방을 지킨 한 대학 선생이 마지막까지 매달리고 있는 희망의 메시지이다. 또 누군가의 글이 생각난다. "소인배라고 불려도 좋다. 내가 쓰이지도 못하고 말라 비틀어져 가는 오이 같아야 되겠느냐. 나는 팔리고 싶다. 나는 나를 좋은 값에 사 갈 장사꾼을 기다리고 있다."

송곳산은 나리봉－말잔등－성인봉－미륵산－형제봉으로 이어지는 나리·알봉분지 칼데라의 외륜산 중 하나이다. 땅의 형태를 연구하는 지형학자이지만, 어떻게 이처럼 완벽한 형태와 대칭성을 가지게 되었는지 나 역시 누군가에게 묻고 싶다. 요즘 나리분지는 북면 소재지가 있는 천부에서 자동차로 쉽게 오를 수 있으나, 이전에는 추산발전소 옆으로 난 급경사의 산길을 타야 오를 수 있었다. 나리·알봉분지로 모여든 빗물이 두껍게 쌓인 화산회층 아래 스며들어 추산용출소에 모이면, 용수관을 통해 추산발전소로 보내진다. 두 지점의 낙차는 250m가량 된다.

2004. 9.

052 코끼리바위 공암

섬 관광의 백미는 섬 일주 유람선 관광인데, 울릉도도 예외가 아니다. 특히 울릉도처럼 교통이 불편하고 1,000m가량 되는 높은 성인봉이 섬 한 가운데를 차지할 경우, 대부분의 관광객들은 유람선 관광을 할 수밖에 없다. 섬 한 바퀴를 돌다 보면 풍향에 따라 파도가 거친 곳도 있지만 그 반대편은 잔잔하다. 섬 일주 관광은 대개 도동에서 시작해서 시계 방향으로 도는데, 처음에는 관광객들이 새로운 풍광에 탄성을 자아내지만 얼마 지나지 않아 조용해진다. 뱃멀미 탓도 있지만 비슷한 경치가 반복되기 때문이다. 이때 단조로움을 깨는 것이 바로 코끼리바위이다.

섬 북쪽 해안에는 코끼리바위를 비롯해 일선암, 삼선암, 관음도 등 기괴한 형태의 섬들이 펼쳐져 있는데, 그중에서도 코끼리바위가 단연 압권이다. 코끼리바위는 전체적으로 물속에 코를 빠뜨리고 있는 코끼리의 형상을 하고 있으며, 용암류에서 나타나는 주상절리가 바위 전체를 덮고 있어 마치 코끼리의 거친 피부를 연상하게 한다. 이 바위는 구멍이 뚫린 바위라는 의미에서 공암이라고도 하는데, 그 구멍 사이로 소형 선박의 왕래가 가능하다. 이 사진은 동쪽에서 서쪽을 바라다보면서 촬영한 것으로 흐린 날의 사진이라 암석의 질감이 제대로 나타난다.

2004. 9.

053 사태감의 암석 애벌런치

일부 구간을 제외하고 울릉도 일주도로가 완성되었지만, 지형적, 암석적 특성 때문에 도로 사정이 열악한 것은 여전하다. 도로 자체의 경사가 심할 뿐만 아니라 도로 절개지도 가파르고, 특히 화산쇄설암으로 된 해안에 바싹 붙은 도로는 폭풍우를 동반한 높은 파도에 쉽게 피해를 입는다. 해안도로가 파도에 휩쓸려나가는 것을 막기 위해 테트라포드 등으로 보강해 보지만, 사진에서 보듯이 산사태가 발생한다면 속수무책이다. 2004년 8월 19일 태풍 메기가 울릉도를 통과하면서 울릉도 남서쪽 구암과 남양 사이의 해안일주도로에 산사태가 발생하였다.

이곳 사태감이라는 지명이 사태와 어떤 관련성이 있는지 아는 바 없다. 하지만 사진만으로도 이곳 지형적 조건이 사태 발생에 극히 취약함을 알 수 있다. 고화되지 않은 화산쇄설암 위를 단단한 조면암이 덮고 있고, 조면암 층 사이에 풍화층이 발달해 있다. 도로 개설로 절개지가 만들어지고 여기에 높은 파도가 덮친다면, 구조적으로 취약한 상부의 조면암이 수직절리를 따라 붕락할 수 있다. 사태가 난 후 도로 위의 토석을 제거하고 도로와 통행객들을 보호하기 위해 그 자리에 사태감 터널을 만들었으나, 소규모 산사태는 계속해서 발생하고 있다. 이런 식의 매스무브먼트를 암석 애벌런치rock avalanche라 한다.

2010. 9.

054 삼강주막

삼강주막은 경상북도 상주시 풍양면 삼강리, 낙동강 본류의 남안에 위치해 있는 옛 주막, 아니 정확하게 이야기하자면 옛 주막을 현대식으로 복원한 관광지이다. 이곳 삼강리는 금천과 내성천이 낙동강과 합류하는 곳으로, 낙동강을 건너 남쪽과 북쪽을 연결하던 삼강나루터가 있던 곳이다. 조선 시대 주요 교통로였던 영남대로 구간은 아니지만, 1900년대까지 장날이면 하루에 30번 이상 나룻배가 다녔던 교통의 요지였다. 이곳에는 보부상과 사공들의 숙소가 있었고, 주막도 하나 있었으나, 1934년 대홍수로 주막을 제외한 나머지 건물이 모두 떠내려갔다.

인터넷에서 찾아보면 과거 삼강주막 사진을 볼 수 있다. 슬레이트 지붕에 흙벽으로 된 3칸 집 툇마루에 앉아 담뱃대를 물고 있는 마지막 주모의 모습을 볼 수 있다. 사진 속 500년 된 회화나무를 그 사진에서도 볼 수 있으므로 회화나무 아래 복원된 주막은 원래 자리를 잡고 있는 듯하다. 현재 삼강나루터 자리에는 59번 국도의 4차선 삼강교가 지나고 있으며 이 사진은 그 다리 위에서 촬영한 것이다. 복원된 관광지에서 흔히 볼 수 있는 어색함은 차치하고, 흩어져 있는 청색 플라스틱 의자는 봐주기 힘들다. 이 다리를 지나 용궁면 소재지를 거쳐 회룡포로 갈 수 있다.

035 회룡포 물돌이

영월 한반도면의 한반도지형만큼이나 유명한 물돌이가 바로 이곳 회룡포이다. 원래 지명은 의성포였으나 의성군의 의성과 혼동될 수 있다고 하여 회룡포로 바꾸었다고 한다. 동에서 서로 흐르던 내성천이 이곳 회룡포 마을을 빙돌아 서에서 동으로 흐르다 다시 원래 방향으로 흐르면서 마을을 빠져 나간다. 회룡포는 예천군 용궁면 대은리에 속해 있는데, 용궁면 소재지로 가려면 하천을 건너야 한다. 육로로 이곳에 오려면 개포면 소재지에서 내성천 제방을 따라 들어오면 된다. 전체적인 형상은 강원도 홍천의 금학산에서 보는 수태극과 비슷하다.

아마 이곳 때문에 카메라 렌즈를 다시 구입한 아마추어 사진가도 꽤 될 것 같다. 회룡포의 조망점인 비룡산의 회룡대에

2001. 8.

서 회룡포를 담으려면 35mm 카메라의 24mm 렌즈로도 모자란다. 그러나 이보다 더 광각인 렌즈를 사용하면 왜곡도 왜곡이려니와 잡스러운 주변이 너무 많이 포함된다. 이 사진은 렌즈회전식 중형 파노라마카메라, 노블렉스로 찍은 것이다. 주변이 휘어지는 회전식 파노라마 카메라 특유의 왜곡은 어쩔 수 없지만, 모래톱, 하천, 주변의 산지가 회룡포를 오롯이 감싸고 있는 모습이 정겹다. 요즘 같으면 디지털카메라로 여러 장을 겹쳐 찍고는, 소프트웨어로 파노라마 사진을 합성하면 된다. 디지털 기술만은 참 좋은 세상이다.

056 청도 흰덤봉에서 본 구하도

경상남도 양산, 밀양 일대에는 1,000m 이상의 높은 산지가 연속적으로 이어지면서 거대한 산체를 이루고 있다. 현지 산악인들이 이 산체를 영남알프스라 부르면서, 이제 하나의 고유명사가 되었다. 이 산체의 한쪽 가지는 가지산(1,240m) – 운문산(1,188m) – 억산(944m) – 구만산(785m) – 육화산(675m)으로 이어지면서, 경상북도 청도시와 경상남도 밀양시의 경계를 이룬다. 이 사진은 구만산-육화산 능선에 위치한 흰덤봉 부근에서 북서쪽을 향해 청도군 매전면 온막리 구하도를 촬영한 것이다. 가운데 흐르는 하천은 운문댐에서 흘러나온 동창천인데, 하류로는 청도천과 밀양강으로 이어진다. 하천 건너 오른편에 구하도와 미앤더코어가 나타난다.

2008. 1.

이 책에서 울릉도 사진들을 제외한다면 대구시와 경상북도의 사진이 극히 소략하다. 경상북도는 명절, 제사, 생신 등으로 수없이 찾던 곳이나, 카메라를 지니고 이 지역을 다닌 적이 많지 않다. 특별한 이유는 없지만 굳이 설명하자면, '나와바리' 때문이 아닌가 한다. 고상한 우리말로 한다면 '구역' 정도가 되겠지만. 대구에는 지리학 관련학과가 4군데나 있으며, 같은 전공을 가진 사람도 여러 명이다. 그러니 그곳을 돌아다니며 사진 찍고, 논문이라도 쓸 양이면 괜한 눈총을 받지 않을까 하는 노파심이 크지 않았나 싶다. 지리학은 지역성을 바탕으로 하는 공부라, 의외로 지역적 배타성이 강하기 마련이다.

경남

2008. 12.

057 삼문동 물돌이

밀양이라면 전도연 주연의 "밀양"이 생각나겠지만, 실제 밀양을 전혀 담아내지 못했던 것 같고, 오히려 곽경택 감독, 정우성 주연의 "똥개"가 실제 밀양과 더 가까운 것이 아닌가 한다. 원래 밀양은 영남루 주변과 북쪽 산기슭이 중심가였고 이를 읍성이 둘러싸고 있었던 전형적인 조선 시대 지방 중심지였다. 사진에서는 왼편의 시가지가 그곳이다. 1902년 밀양을 통과하는 경부선 부설로 과거의 경관은 거의 사라졌고, 성벽의 석재는 모두 경부선 공사에 이용되었다. 사진 한가운데 밀양시 삼문동이 위치한 하중도가 밀양강에 둘러싸여 있는데, 골프장의 아일랜드그린island green을 연상시킨다. 민간 항공기가 이 위를 지날 경우가 많아 비행기 차창으로도 본 적이 있다.

이 하중도는 조선 시대 말까지 홍수 피해가 잦았으나, 1910년 과거의 용두제(삼문동의 남쪽)를 현재의 삼문제로 개축하면서 홍수 피해가 없는 안정적인 토지로 바뀌었다. 그 후 삼문동은 남쪽의 밀양역과 북쪽 구시가지 사이의 요충지로 변해, 밀양의 시역 속에 완전히 포함되었다. 현재 밀양의 관공서 대부분은 이곳에 위치해 있다. 밀양 서남쪽에는 664m의 종남산이 솟아 있다. 종남산 정상에서도 삼문동이 잘 보이지만 능선에 경관 일부가 가린다. 종남산에서 북쪽으로 능선을 따라가면 우령산(590m) 조금 못 미쳐 훌륭한 조망점이 있다. 이 사진은 그곳에서 찍은 것이다.

2007. 10.

058 경주산 미앤더코어와 구하도

우리나라 대부분의 사람들은 영월의 청령포를 단종의
유배지로 알고 있다. 그러나 지리학을 전공한 사람들
에게 영월 청령포는 거기에 덧붙여 하도절단, 미앤더
코어, 구하도가 나타나는 지리학적 현장으로 유명하
다. 하도절단에 의해 구하도가 나타나는 곳이 우리나
라에 수십, 수백 군데가 될 터인데, 어쩌다 그곳이 이
지형 현상의 가장 대표적인 곳이 되었는지 알다가도
모를 일이다. 실제로 청령포 구하도는 조망할 곳도 마
땅치 않고 현재는 터널과 도로가 통과하고 있어 원래
의 모습마저 사라지고 없다. 하지만 중고등학교 교과
서에는 계속해서 그곳이 인용되고 있다. 아직도 청령
포라니 정말 한심하기 짝이 없다.

이 사진 하단에서 밀양강의 지류인 단장천은 왼쪽에서
오른쪽으로 흐르고 있고, 그 지류인 동천은 위에서 아
래로 흐르면서 단장천과 직각으로 만난다. 사진 한가
운데 고립 구릉은 경주산(213m)인데, 하도절단에 의한
미앤더코어라기보다는 하천쟁탈에 의해 형성되었을
가능성이 더 높다. 즉, 원래 동천과 단장천은 경주산
오른쪽에서 합류했으나, 경주산 왼편에서 단장천이 동
천을 쟁탈하면서 경주산이 고립구릉으로 발달하게 된
것으로 판단된다. 용암산(428m) 청룡사에 도착해 경내
로 들어선 후 산 쪽으로 난 쪽문을 지나 산비탈을 한참
오르면 아찔한 절벽에 이른다. 바로 이곳이 조망점이
다. 색상이 단조로운 우리나라 경관에서 가을철 벼의
노란색은 파격이다. 더군다나 이 사진에서처럼 구하도
라는 지형 단위가 노란색으로 구분된다면 더 말할 나
위가 없다.

113

059 호박소 포트홀

지금은 능동터널이 생겨 언양과 밀양을 오가기가 편해졌지만 이전에는 석남고개를 넘어야 했다. 밀양에서 24번 국도를 따라 석남고개 초입에 이르면 지형을 기반으로 한 유명한 관광지가 둘 있는데, 하나는 밀양 얼음골이고 다른 하나는 호박소이다. 호박소는 우리나라에서 화강암을 기반으로 하는 포트홀pothole 중에서 규모도 클 뿐만 아니라 가장 완벽한 형태를 가진 것 중 하나이다. 여기서 '호박'은 '확'의 경상도 사투리인데, 확이란 '절구의 아가리로부터 움푹 들어간 부분'을 말한다. 따라서 호박소는 포토홀의 형상을 확처럼 생긴 소(여울의 반대말로 하천의 깊은 곳)라고 표현한 것이다.

호박소를 흐르는 하천의 발원지인 가지산(1,240m)은 동부 경남에서 가장 높은 산이다. 따라서 사시사철 수량이 풍부하

2003. 9.

고, 화강암 절리와 폭포, 맑은 물과 주변 식생 등이 완벽한 조화를 이루고 있다. 하지만 웅덩이가 깊어 익사 사고를 비롯한 각종 안전사고가 끊이지 않는다. 한편 화강암 절리의 경사와 방향이 현재의 지형과 절묘하게 조화를 이루고 있다. 이는 절리가 지형 발달을 유도하는 것이 아니라 지형에 의해 판상절리가 나타난다는 사실로 이해할 수 있다. 호박소는 최근 김주혁, 류승범, 조여정이 출연한 영화 "방자전"의 배경으로 등장하면서 부산, 경남 이외의 지역 사람들에게도 많이 알려졌다.

060 만어산 암괴원

남부지방 산지 곳곳에서 암괴들이 산사면을 따라 집단적
으로 쌓여 있는 것을 볼 수 있다. 부산의 금정산, 대구의
비슬산을 비롯해 이곳 밀양의 만어산도 이러한 암괴지형
의 대표적인 곳으로 알려져 있다. 지형학에서는 사진에
서처럼 암괴들이 계곡을 따라 집단적으로 쌓여 있으면
암괴류, 완만한 사면에 넓게 펼쳐져 있으면 암괴원이라
정의하지만, 둘의 경계는 분명하지 않다. 하지만 둘 모두
빙하기에 사면을 따라 암괴가 토양과 함께 느린 속도로
흘러내리다가 완경사지에 도달한 후, 현세에 들어 유수
에 의해 토양이 씻겨 나가면서 현재의 모습을 갖게 된 것
으로 설명하고 있다.

사진은 2006년 한국지형학회 동계학술대회 답사 당시의
모습이며, 만어사 경내 높은 곳에서 산 아래쪽을 바라다
보고 촬영한 것이다. 흐린 날 촬영한 사진이라 암괴 표면
의 초콜릿색이 더욱 선명하게 보인다. 이 사진에 사람이
포함되지 않았다면 사진만으로 암괴의 규모를 알 수 있
을까? 지오포토에는 어떤 형식이든 스케일이 담겨져 있
어야 한다. 실제로 암괴류의 규모는 고도 350~500m, 총
연장 450m, 폭 40~110m, 두께 0.3~6m이며, 경사는 10
도 내외이다. 또한 암괴의 암석은 세립질 화강섬록암인
데, 암괴의 평균 장경은 150cm가량 된다.

2006. 2.

061 화왕산 고위평탄면

대구–마산 간 고속도로를 한때는 구마고속도로라 했지만, 지금은 여주–충주–문경–상주–구미–현풍–마산으로 이어지는 45번 중부내륙고속국도의 한 구간으로 바뀌었다. 이 고속국도를 따라 현풍에서 창녕을 지나 남지까지 가다 보면 왼편에 높은 산들이 도로와 평행하게 줄지어 달리는 것을 볼 수 있다. 물론 오른편에도 이와 평행하게 달리는 산맥이 있지만, 그 사이에 폭 20km가 넘는 구릉지가 펼쳐져 있어 멀리 아득하게 보인다. 홈통처럼 생긴 두 산맥 사이의 구조곡을 따라 낙동강이 흐르며, 고속도로 역시 평탄한 직선상의 구조곡을 따라 건설된 것이다.

118

2004. 4.

현풍 부근의 비슬산(1,084m)을 지나면 산맥의 고도가 낮아지나 창녕에 이르면 다시 높아져 우뚝 솟은 산이 나타나는데, 바로 화왕산(756m)이다. 일견 급경사의 능선으로 이어진 것처럼 보이나 산 정상에는 고위평탄면이 나타난다. 평탄면을 향해 하천들의 두부침식이 왕성하게 진행되어 평탄면 가장자리는 급경사의 절벽으로 둘러싸여 있다. 게다가 절벽 가장 자리를 따라 놓여진 화왕산성은 임진왜란 당시 곽재우 장군의 거점으로 이용되었다. 정월대보름이면 이곳 억새밭에서 억새태우기 축제가 벌어졌는데, 2009년 화재로 인한 참사로 중단되었다.

2004. 6.

062 창녕 교동고분군

창녕군의 지세를 살펴보면 동쪽은 높은 산지로 막혀 있고 남쪽과 서쪽은 낙동강 본류가 휘감고 있어 오로지 북쪽만이 구조곡을 따라 대구 쪽으로 이어진다. 갑오개혁 직후 1895년에 실시된 지방 행정 구역 개편에서 조선 8도를 23부 337군 체제로 개편하였다. 경상도 역시 몇 개의 부로 나뉘었는데, 대구를 중심으로 대구부가 만들어졌다. 대구부는 23개의 군으로 이루어졌는데, 그중 영산군, 창녕군, 밀양군, 3군은 현재 경상남도에 속하는 것이다. 다음 해인 1896년에 23부가 13도로 바뀌면서 창녕군과 영산군이 창녕군으로 합쳐져 경상남도로 편입되었다. 하지만 예나 지금이나 창녕은 경남보다는 대구를 생활권으로 한다.

사진 왼편의 주거지는 창녕읍 시가지이다. 밀양(청도)으로 가는 24번(20번) 국도를 타고 시가지를 벗어나면 바로 교동고분군에 이른다. 이 고분군은 김해 대성동고분군, 대구 달성고분군, 고령 지산동고분군, 함안 말이산고분군과 더불어 대표적인 가야 시대 고분군이다. 이들 고분군은 큰 도회지 인근에 있으며, 봉토분들은 야산의 능선을 따라 집단적으로 늘어서 있다. 고분군 뒤로 100~200m 높이의 구릉지가 펼쳐져 있고, 그 뒤로 높은 산지가 연속적으로 달리고 있다. 구릉지로 된 구조곡을 따라 낙동강이 지나며, 왼편 멀리 높은 산은 의령의 자굴산이다.

063 박유산에서 본 가조분지

학창 시절 모 지형학 교수의 강의 내용 중에서 오직 한 가지만은 아직도 생생하게 남아 있다. 산간분지에 대한 독특한 설명인데, 기억을 더듬어 그분의 말씀을 정리해 보면 다음과 같다.

"지형을 이해하는 방법은 다양하다. 하지만 한반도의 지형 중에서 가장 두드러진 특징은 산간분지이다. 산간분지들은 마치 염주알을 뿌려 놓은 것처럼 흩어져 있는데, 자세히 보면 하천들이 이들 염주알을 실처럼 꿰고 있다. 분지 바닥을 흐르는 하천은 경사가 완만하지만, 분지와 분지 사이의 하천은 급경사를 이루고 있어 상류와 하류의 분지 사이에는 고도차가 뚜렷하다."

2006. 11.

산지가 많은 우리나라 내륙을 위성사진으로 보면 마치 머리에 버짐이 폈거나 원형탈모증이 걸린 양 밝은 부분이 나타난다. 이러한 곳들은 주변에 비해 경사가 완만해서 농경지와 주거지가 밀집해 있는데, 대부분 산간분지들이다. 이곳 가조분지는 거창군 가조면에 있는 대표적인 산간분지로, 가천천이 흐르는 남북방향의 구조선(사진에서는 좌에서 우)과 이에 교차하는 88고속도로가 지나는 동서방향의 구조선이 만나는 곳에 발달해 있다. 사진을 촬영한 곳은 분지의 서남쪽 외륜 산인 박유산(712m)으로, 무척이나 가팔라서 오르기가 쉽지 않다. 분지 바닥에는 가조온천이 있다.

123

064 대암산에서 본 초계분지

패러글라이딩이 대중화되면서 전국 도처에 활공장이 생겨나고 있다. 활공장은 대개 산 정상에 있으며 임도를 통해 정상까지 오를 수 있다. 높은 곳에 올라야 평면적 분포와 입체적 시각을 얻을 수 있고, 그래야 지오포토도 생명력을 얻게 된다. 혹시나 있을 멋진 풍광을 기대하며, 야외에 나가 활공장 팻말만 보이면 무조건 자동차로 오른다. 하지만 이곳 대암산 (591m) 활공장은 초입에 안내판이 없어 사정이 조금 달랐다. 초계분지를 볼 수 있는 좋은 조망점을 찾기 위해 무턱대고 임도를 오르다보니, 그중 한 임도가 정상까지 이어졌고 그곳에 활공장이 있었던 것이다.

초계분지를 제대로 볼 수 있는 조망점을 오랫동안 찾았던지라, 당시의 감격은 지금도 생생하다. 초계분지는 합천군 초계

2006. 11.

면과 적중면이 포함되는 원형의 분지로 출수구가 하나뿐이며, 황강으로 직접 연결된다. 초계분지는 지형도 도엽의 경계
부에 있어 정확하게 반으로 나뉜다. 따라서 일부러 붙여 보지 않는다면 분지의 형상을 알 수 없다. 이곳 초계분지의 형성
원인에 대해서는 침식분지와 운석충돌공 두 가지 설이 있는데 최근에는 운석충돌공을 지지하는 쪽이 대세이다. 초계분
지처럼 분지의 외륜산이 거의 원형에 가까운 분지의 또 다른 예로 강원도 양구군의 해안분지를 들 수 있는데, 그 형상이
화채 그릇을 닮았다고 펀치볼punch bowl이라 한다.

065 구하도 속 배후습지 연당지

마지막 빙기의 절정은 지금부터 약 2.5만 년 전이었으며, 당시 해수면은 지금보다 100m 이상 낮았다고 한다. 대하천 하류에는 낮았던 침식기준면에 적응하느라 현재보다 훨씬 깊은 하곡이 파였다. 그 후 기후가 온난해지면서 해수면은 계속 상승하여 현재에 이르렀고, 그에 따라 대하천 하류는 퇴적이 계속되었다. 본류로 유입하는 지류보다는 본류에 의해 운반되는 퇴적물 양이 많기 때문에, 본류와 지류 합류점 부근에 퇴적이 이루어지면서 지류 계곡은 습지화된다. 이렇게 만들어진 것이 낙동강 하류에서 볼 수 있는 배후습지성 호소들이고, 대표적인 예가 바로 창녕의 우포이다.

2008. 3.

배후습지성 호소는 낙동강 본류뿐만 아니라 지류에서도 볼 수 있다. 남강에 비해 그 수는 적지만 황강에서도 볼 수 있는
데, 대부분 합천읍 부근에 있다. 그중 정양지와 박실지는 지류 계곡의 입구가 황강 본류의 퇴적으로 막힘으로써 만들어
진 습지들이다. 이와는 달리 연당지는 구하도에 있는 습지이다. 사진은 갈마산(232m) 정상에서 촬영한 것으로, 농경지로
이용되는 구하도와 미앤더코어가 잘 보인다. 구하도와 범람원의 고도가 거의 같기 때문에 하도 절단과 습지 형성의 시기
에 대해서 기존의 설명과는 다른 설명이 요구된다. 하지만 아직 연구된 바 없다.

066 황매평전

지금은 많이 개선되었지만 합천군은 여전히 교통의 오지이다. 그러나 다양한 지리학적 볼거리가 있어 개인적으로는 즐겨 찾으며 다른 이에게 가보라고 소개하는 곳이다. 이 책에서는 6군데를 소개할 예정인데, 시작이 이곳 황매평전이다. 황매평전은 황매산(1,108m) 남쪽에 펼쳐진 폭 500m 길이 800m 규모의 고위평탄면이다. 이 사진은 황매산 정상으로 가는 등산로에서 촬영한 것이다. 지금은 이곳에 전망대가 마련되어 있으며, 맑은 날 육안으로 남해 바다가 보인다. 평탄면에서 가장 높은 능선에 길이 나 있는데, 이를 경계로 왼쪽은 합천군이고 오른쪽은 산청군이다.

황매평전은 한때 밭으로 이용된 흔적은 있으나 확인할 길이 없고, 1990년대 말까지 소를 방목하던 목장이었다. 그 후 방

2003. 10.

치되다가 2000년대 들어서면서 영화나 드라마의 촬영지로 각광을 받았다. 넓기도 하거니와 주변에 별다른 인위적인 시설이 없어, 주로 시대극이나 전쟁 영화 촬영지로 이용되고 있다. 장동건, 원빈이 주연을 했던 "태극기 휘날리며"의 깃발부대 전투 장면도 이곳에서 촬영한 것이다. 1990년대만 해도 급경사의 비포장도로를 따라 이곳을 찾고는 했는데 이제 그 기억이 새롭다. 지금은 황매평전까지 포장된 길이 나 있고, 특히 늦봄에 황매평전에 철쭉이 만개하면 많은 상춘객들이 찾는다. 2010년대 들어 오토캠핑장이 개설되면서 더욱 많은 사람들이 찾게 되었다.

067 대병고원

대병고원은 합천군 대병면에 소재한 남북 길이 4.3km, 동서 길이 3.2km의 소규모 고원으로, 악견산(634m), 금성산 (592m), 허굴산(682m)에 둘러싸여 산간분지의 형태를 띠고 있다. 이 사진은 금성산 정상에서 동쪽을 바라다보고 촬영한 것으로, 왼편 바위산이 악견산이고 허굴산은 오른편에 있으나 보이지 않는다. 고원 중앙을 흐르는 금성천은 사진 왼편의 계곡을 지나 합천호로 이어지는데, 고원 대부분은 이를 통해 배수된다. 사진의 오른쪽 끝 부분은 산으로 막히지 않고 트여 있으며 주변 고원 바닥에 비해 낮은데, 이 지역은 금성천을 쟁탈한 황계천에 의해 배수된다.

2006. 10.

대병고원이라는 명칭은 이곳에서 발생한 하천쟁탈에 관한 논문을 쓰면서 스스로 작명한 것이다. 합천 방면에서 급경사의 도로를 따라 이곳에 오르면 갑자기 평지가 나타난다. 산들로 둘러싸여 얼핏 보기에 산간분지로 보인다. 그러나 이 지역을 산간분지보다 고원으로 부르는 것이 타당한 이유는 다음과 같다. 급경사인 북, 남, 동쪽 사면을 따라 이 고원을 향해 두부침식이 활발하게 이루어지고 있고, 하천쟁탈의 결과 금성천과 황계천의 지류는 고원의 가장자리에서 경사변환점을 이루고 있으며, 고원 바닥에 곡중분수계가 나타나기 때문이다.

068 합천호

합천호는 합천댐이 만들어지면서 생긴 인공호수이다. 이곳은 산지로 둘러싸여 있지만 하천의 최상류 구간이 아니다. 합
천호는 거창읍 소재지가 있는 거창분지와 합천읍 소재지가 있는 합천분지 사이를 잇는 황강의 계곡을 막아 만든 것이다.
따라서 합천호는 침수 면적에 비해 수심이 깊어 저수량이 많으며, 호수에는 붕어와 잉어, 메기 등 다양한 어종이 풍부하
게 서식하고 있어 천혜의 낚시터로 손꼽힌다. 하지만 불법어구를 이용한 남획과 호수 주변 환경오염으로 어자원이 훼손
되었고, 이를 해결하고자 2013년 12월 31일까지 내수면 어업 휴식년제가 실시되었다.

2006. 10.

이 사진은 대병고원에 있는 금성산 정상에서 북쪽을 보고 촬영한 것이다. 합천호를 끼고 구불구불 도는 40km 길이의 호반도로는 자동차 여행의 새로운 명소로 각광을 받고 있지만, 호반을 따라 둘러가기 때문에 이 길이 주민들에게는 불편할 수 있다. 합천군과 거창군은 경상남도에 속하는 이웃한 군이며, 두 군의 소재지 사이는 직선거리로 30km가 채 되지 않는다. 하지만 두 소재지 사이에 합천호가 있고 도로 사정도 극도로 나빠 두 소재지를 오가는 데 1시간이 훨씬 더 걸린다. 사진에서 멀리 있는 능선은 거창 남쪽의 감악산(951m) 능선이다. 산 정상 감악평전에는 TV중계소가 세워져 있다.

2004. 8.

069 해발 110m에 위치한 황계폭포

합천읍에서 대병면으로 가다보면 대병고원 오르막길 직전에 왼편으로 황계폭포라는 안내판이 보인다. 해발 100m 고도에 폭포가 있어 보아야 별 것 아니겠거니 하면서 액셀러레이터를 밟고는 휭허케 지나가기 십상이다. 하지만 황계폭포는이 고도에서 쉽게 볼 수 있는 폭포가 아니다. 주차장에서 걸어서 5분이면 도착할 수 있는데, 상단 15m, 하단 15m 모두 30m나 되는 웅장한 2단 폭포가 거짓말처럼 눈앞에 펼쳐진다. 폭우가 아니면 개울을 건너 사진 왼편에 보이는 계단을 통해 1단과 2단 사이에 있는 가로 세로 30m가량 되는 반석에 올라 설 수 있다.

폭포 위를 흐르는 하천은 황강의 지류인 황계천이다. 황계천은 대병고원을 관류하는 금성천의 일부 지류를 쟁탈하여 대병고원 너머로 자신의 유로를 연장하였다. 폭포를 포함한 오른편은 섬장암이고 왼편은 경상계에 해당하는 원지층이다. 따라서 황계폭포는 두 암석의 경계부를 따라 형성된 것이다. 상단 폭포 기저부를 살펴보면 두께 1m가량 암맥이 관상으로 관입해 있는 것을 확인할 수 있다. 이 암맥의 풍화 속도가 빨라 그 위의 암석이 붕락되면서 현재의 2단 폭포가 만들어진 것으로 판단된다. 물론 섬장암의 수평, 수직 절리도 2단 폭포 형성에 한몫을 했다.

2001. 8.

070 함양 활단층 노두

활단층이란 최근(신생대 제4기 이래) 발생한 단층을 말하며 구조물, 특히 원자력발전소 등을 건설하고 유지할 때 유념해야 할 사항이다. 고리, 월성, 울진, 영광, 이들 4곳의 원자력발전소 중 영광원자력발전소를 제외하면 모두 동해안, 그것도 양산단층 부근에 있다. 최근 원자력발전소의 안전 문제가 지역 주민들과 시민단체들에 의해 제기되면서 이에 대한 집중적인 조사가 진행되었다. 그 결과 양산단층의 활동성에 관해 많은 사실들이 밝혀졌다. 그중 경주시 암곡동 소재 왕산단층은 현재까지 찾아낸 최대 변이의 역단층으로, 상반이 16m나 올라갔다.

활단층을 확인하는 방법은 여럿 있으나, 그중에서 가장 쉽고 육안으로도 식별이 가능한 것은 바로 제4기 퇴적층의 변이를 확인하는 것이다. 만약 고화되지 않은 제4기 퇴적층이 단층으로 잘려 있다면 그것은 퇴적층이 만들어진 후의 변이이기 때문에, 활단층의 증거로 채택될 수 있다. 이 노두는 함양군 수동면에서 함양읍으로 가는 1084번 지방도 도로변에서 발견한 것이다. 수직변위는 1m에 못 미치지만, 단층선을 따라 흑갈색의 단층점토가 나타나고 지층이 끌린 드래그drag 현상도 확인된다. 단층점토는 단층선을 따라 응력이 집중됨으로써 만들어진다. 사진 속 인물은 지금 어디서 무얼하고 있을까?

071 천왕봉에서 본 지리산 주능선

지리산 천왕봉은 남한 육지부에서 가장 높은 산이며 백두대간의 종착점이다. 천왕봉의 고도는 지금까지 1,915.4m로 남
한에서 한라산(1,947.2m)에 이은 두 번째로 높은 봉우리이다. 주능선은 대략 동서방향으로 달리고 있고, 그에 직각방향
으로 뱀사골, 피아골, 거림골, 칠선계곡, 한신계곡, 중산리계곡이 지나고 있다. 저 멀리 노고단(1,507m) 끝이 보이므로,
주능선 왼쪽에 구름의 고도는 1,500m에 조금 못 미친다. 주능선에서 1,500m 이하인 벽소령 부근과 화개재 부근이 구름
에 가려 있지만 구름 덕분에 지리산 주능선이 오히려 잘 보인다.

2005. 5.

이 사진은 천왕봉 정상 부근에서 아기 궁둥이처럼 생긴 반야봉(1,732m)을 바라보고 지리산 주능선을 촬영한 것이다. 사실 반야봉은 지리산 주능선에서 북쪽으로 약간 비켜나 있다. 아마추어 산악인이 보통 2박 3일에 완주하는 지리산 종주 코스(성삼재–천왕봉)는 사진에서 보는 바로 이 능선을 지난다. 주능선에는 국립공원관리공단이 예약제로 운영하는 대피소가 5군데 있으나, 어디까지나 대피소이지 산장은 아니다. 반야봉 뒤 왼편에 뾰족하게 나온 것이 노고단이며, 오른편 멀리 주능선과 직각방향으로 달리는 능선에서 가장 높은 산이 만복대(1,433m)이다.

2005. 5.

072 지리산 세석평전

대략 1,500m 고도에 있는 세석평전은 남한에서 가장 높은 고위평탄면이다. 사진에 보이는 붉은색 꽃이 핀 관목은 진달래인데, 철쭉은 6월 초가 되어야 완전히 핀다. 진달래 사이사이로 단정한 모습의 구상나무가 보인다. 이 구상나무는 국립공원관리공단에서 이 지역의 생태 복원을 위해 이식한 것이다. 야영이 허락되던 1990년대 중반경에는, 등산객과 야영객들의 무분별한 훼손과 군부대의 산악 훈련 등으로 세석평전이 완전히 황폐화되었다. 그 후 국립공원에서의 야영이 금지되고 산악인들의 자제와 국립공원공단 측의 적극적인 복원 사업 덕분에 현재의 모습에 이르렀다.

이 사진은 촛대봉(1,704m)에서 서쪽을 향해 찍은 것이다. 안부 낮은 곳에 있는 건물이 세석대피소이고 그 옆에 세석천 약수터가 있어 등산객들의 식수로 이용된다. 대피소 뒤에 있는 봉우리가 영신봉(1,652m)이며, 그 뒤로 지리산 종주 코스가 계속 이어진다. 국립공원공단이 운영하는 대피소는 말 그대로 대피소이다. 과거 군대 내무반을 연상케하는 나무 침상에 달랑 모포 한 장을 지급했다. 물론 최근에는 1인 침대로 바뀐 곳이 많다. 식사까지는 바라지 않는다. 하지만 세석대피소 고도의 2배가 넘는 말레이시아의 키나발루에서도, 일본의 야리가다케에서도 가능했던 깔끔한 침구와 온수 샤워를 바라는 것은 너무 과한 일일까?

073 경호강 자연제방

이 사진은 초여름에 찍은 것이라 온통 녹색뿐이다. 사진만으로는 결코 높은 점수를 줄 수 없지만 굳이 이 책에 실은 것은 두 가지 사실을 전달하기 위해서이다. 하나는 자연제방이 대하천 하류뿐만 아니라 범람원이 넓게 나타나는 하천 중류에서도 나타난다는 사실이다. 이곳은 낙동강의 지류인 남강의 여러 지류 중에서 유역 면적이 가장 큰 경호강의 범람원이며, 경호강은 맞은편 산자락을 따라 좌에서 우로 흐르고 있다. 사진 오른편 하단에 중부고속도로 생초IC가 보이고, 이어지는 고속도로를 따라 계속 가면 함양IC가 나타난다. 사진 속 우측 상단에 있는 마을이 산청군 생초면 소재지이다.

140

2003. 6.

두 번째는 자연제방이 인공제방처럼 하천 양안을 따라 선상으로 나타나지 않는다는 사실이다. 하천 변에 3개의 집촌이 보이는데, 왼편부터 구기, 신기, 보전마을이다. 이 집촌들이 자연제방 위에 입지하고 있는 취락의 전형적인 모습이다. 따라서 자연제방이란 하천 양안을 따라 선상으로 길게 늘어서 있는 것이 아니라, 범람원 위에 마치 섬처럼 독립적으로 나타난다. 사진을 찍은 곳은 목장의 초지라, 주인의 허락을 받고 겨우 올랐다. 물론 고도가 낮아 하천이 완벽하게 보이지 않는 것이 아쉽다. 한편 왼편 멀리 보이는 산이 괘관산(1,252m)이고, 그 오른편으로 황석산(1,190m)이 아스라이 보인다.

1999. 9.

074 남강 범람원 내 야주하천

야주하천yazoo river의 야주는 인디언 토착어로, 미시시피강 하류에서 범람원 위를 흐르는 지류가 자연제방이 너무 높아 본류로 합류하지 못하고 본류를 따라 평행하게 흐르다가 자연제방이 낮아지는 하류에서 본류로 합류하는 하천을 가리킨다. 우리나라 대하천의 범람원이 본격적으로 개발되기 전에는 대하천 하류 곳곳에서 야주하천을 볼 수 있었지만 이제는 거의 사라지고 없다. 이곳은 의령에서 20번 국도를 따라 북쪽으로 부림(신반) 쪽으로 가다 보면 진등고개가 나오는데, 거기서 차를 세우고 남강 변 절벽으로 다가와 남강 상류 쪽을 바라본 것이다.

야주하천은 전형적인 자유곡류하천이다. 자유곡류하천이 만들어지기 위해서는, 유량이 비교적 일정해야 하고 하상의 경사가 완만해야 하며, 범람원이 넓어야 하고 하도의 퇴적물 입자가 가늘어야 한다. 우리나라의 경우 대하천 범람원에 흐르는 작은 지류들이 이러한 조건을 만족하고 있다. 하지만 대하천 범람원이 개발됨에 따라 이러한 작은 지류는 대부분 직강화되었고, 이곳 야주하천 역시 직강공사로 사라졌다. 낡은 사진을 군이 이 책에 수록한 것은, 대부분의 야주하천이 사라졌고, 있다고 하더라도 주변에 높은 산이 없어 제대로 된 사진을 얻기가 힘들기 때문이다.

2011. 6.

075 진양호 방수로 가화천

남강 유역은 대표적인 다우지역으로 낙동강 하류의 유량에 큰 영향을 미친다. 1925년 을축년 홍수를 20세기 최대의 홍수라 하지만 이는 한강 수계의 이야기이고, 낙동강의 경우 그다음 해인 1926년에 큰 피해를 입었다. 일제는 낙동강 하류의 홍수 피해를 줄이고자 남강의 홍수를 사천만으로 방류하기 위한 남강댐 건설 계획을 수립했다. 중일전쟁으로 공사가 지연되면서, 1934년, 1936년에 큰 피해를 입었다. 1939년에 다시 착공했지만 태평양전쟁으로 중단되었고, 광복 후 재개된 공사는 6.25 전쟁으로 또 중단되었다. 결국 이 사업은 5.16혁명정부의 몫이 되고 말았다.

혁명정부는 군미필자, 불량배 등을 모아 국토재건대를 만들어 대규모 건설 현장에 투입하였으니, 개화도 간척지, 제주도 5.16횡단도로, 남강댐 등이 그곳이다. 남강댐은 1970년에 완공되었고 2001년에 숭상공사로 댐이 높아졌다. 이곳은 홍수 시 남강댐의 물을 사천만으로 방류하는 가화천 방수로로, 작은 분수계 하나를 넘기 위해 인공적인 굴착을 해야만 했다. 가화천의 유로는 10km 안팎이라 굴착의 정도가 이 정도지만 만약에 한반도대운하로 소백산맥을 절단해 낙동강과 한강을 연결해야 한다면, 과연 그 모습은? 아직도 그 망령이 지하의 마그마처럼 꿈틀대고 있지 않을까 걱정된다.

076 사천선상지

얼마 전만 해도 뷰포인트를 찾을 수 없어 사천 선상지를 사진으로 표현할 방법이 없었으나, 최근 드론이라 불리는 무인 항공기(UAV)가 보급되면서 사진으로 표현하기 어려웠던 장소들의 촬영이 가능해졌다. 하지만 드론으로 촬영을 하더라도 비행고도, 제한구역, 비행시각, 안전 등을 고려해야 하므로 여전히 사각지대가 남아 있다. 특히 공항 부근은 반경 10㎞까지 드론의 비행을 제한하고 있는데 사천 선상지 북쪽에는 사천공항이 있다. 다행스럽게도 촬영지점은 제한구역을 간신히 넘어선 곳이라 드론을 이용해 촬영할 수 있었다.

사진은 사천만에서 선상지의 선정을 향해 촬영한 것으로 부채꼴의 형태가 잘 나타난다. 사진 중앙을 가로로 지나는 도로

144

2018. 10.

는 남해 미조에서 시작된 3번 국도이며 2006년 개통된 사천대교와 T자로 연결된다. 일반적으로 선상지에서는 용수 공급이 부족한 선앙부가 밭이나 과수원으로 이용되고 지하수가 용천하는 선단에서는 취락이 입지한다고 알려져 있다. 하지만 사천선상지는 퇴적층의 두께가 얇고 지하수가 지표 가까이 흐르기 때문에 서수지 죽조 이전에도 논농사가 이루어졌다. 선상지에서 논농사가 가능했던 것은 농업용 우물을 활용했기 때문인데, 지금도 100개 이상의 우물이 관개용으로 이용되고 있다.

2006. 10.

077 삼천포대교

우리나라 국도 번호에는 규칙이 있는데, 홀수는 남북방향, 짝수는 동서방향이다. 서해안을 따라 목포에서 서울을 거쳐 파주까지가 1번, 부산에서 동해안을 따라 강원도 고성까지가 7번, 그 사이에 3번, 5번 국도가 지난다. 이 4가닥의 국도가 남북으로 달리는 기본 국도이고 나머지는 지역 간을 연결한다. 3번 국도는 남해군 미조에서 출발해, 창선교를 건너 창선도로, 다시 최근에 만든 창선·삼천포대교를 통해 사천시로 연결된다. 그 후 3번 국도는 진주 – 산청 – 거창 – 김천 – 상주 – 문경을 지나 새재를 통해 충청북도로 넘어선다. 가히 한반도 중앙을 가로지른다.

창선·삼천포대교가 만들어지기 전에는 삼천포-창선 간에 자동차를 실은 도선이 다녔으니 어쩌면 이 도선 구간이 3번 국도였던 셈이다. 삼천포 대방동에서 모개도, 초양도, 늑도 그리고 창선도 사이에 삼천포대교, 초양대교, 늑도대교, 창선대교가 각각 개통되면서, 2003년부터 제대로 된 3번 국도의 모습을 갖추게 되었다. 사진의 촬영지는 대방동 뒤편 각산(398m) 정상이다. 야경은 캄캄한 밤에 찍는 것이 아니다. 해가 지고 나서 여명이 남았거나, 아니면 해가 뜨기 전 하늘의 검은 색이 약간 걷힐 때가 바로 그 순간이다. 무턱대고 한밤중에 오르면 허탕이다. 2018년 각산과 초양도 사이에 케이블카가 개설되면서 삼천포대교의 조망은 더욱 다채로워졌다.

2001. 10.

078 삼천포 목섬과 해안파식대

1956년 사천군에서 삼천포시가 분리되었다가, 1995년에는 사천군과 삼천포시가 통합되면서 사천시로 바뀌었다. 결국 사천군이 사천시로 바뀐 것뿐이다. 삼천포라는 행정 구역 명칭은 사라졌지만, 항구명은 여전히 삼천포항이다. 삼천포항 해안을 따라 회시장, 건어물시장, 재래시장, 선구류 가게 등 내륙에서 볼 수 없는 항구만의 특별한 경관 요소들이 펼쳐진다. 항구를 벗어나 해안에 있는 노산공원 팔각정에 오르면 작은 섬들이 베푸는 남해안만의 독특한 파노라마가 펼쳐진다. 작다 못해 앙증맞은 남일대해수욕장은 노산공원에서 멀지 않은 곳에 있다.

창선도, 수우도, 사량도와 같이 비교적 큰 섬들이 삼천포항의 외해를 막고 있고, 신수도를 비롯해 크고 작은 섬들이 삼천 포항 바로 앞을 가로막고 있어, 기상이 특별히 나쁜 날을 제외하고는 파도가 없어 삼천포 내해는 마치 호수와 같다. 하지 만 폭풍우가 몰아치면 이곳도 예외 없이 집채 만한 파도가 강타한다. 그 결과 목섬이나 노산공원 앞에 사진에서와 같은 파식대가 형성된다. 지층의 경사와 파식대의 방향이 일치해 파식대 바닥이 비교적 평탄하나 반대일 경우 아주 거칠어 사 람이 지나다니기 힘들 정도가 된다. 이곳 노산공원 앞 파식대에는 과거 목선을 제작하던 조선소가 있었다.

2020. 5.

079 지족해협 죽방렴

죽방렴 어업이란, 물이 흘러오는 방향으로 V자형 대나무 발의 넓은 쪽이 펼쳐지고 좁은 통로를 따라 둥근 임통(불통) 속으로 물고기들이 몰리면, 썰물 때 그곳에 남아 있는 물고기를 퍼 올리는 원시적인 어업법이다. 간만의 차는 크고 물살이 세며, 수심이 얕은 개펄에 죽방렴을 설치하는데, 초창기에는 참나무 기둥을 개펄에 박고 그 사이를 대나무로 그물을 엮었지만, 요즘은 철재 빔을 이용해 반영구적인 시설이 되었다. 죽방렴은 삼천포와 창선 사이에도 일부 있지만 가장 많이 설치된 곳은 남해도와 창선도 사이의 지족해협으로 현재 20군데가 넘는다.

죽방렴에서는 하루에 한두 차례 물고기를 건지는데, 주 대상 어종은 멸치지만 이곳을 지나는 다양한 어종들이 함께 잡힌다. 물살이 센 곳이라 횟감 고기들의 육질이 단단하여 미식가들이 즐겨 찾으며, 특히 멸치는 비늘이 벗겨지지 않고 오랫동안 살아 있을 정도로 싱싱해서 회로도 먹는데, 말린 것은 죽방멸치라고 해서 아주 높은 값에 거래된다. 그래서 강남의 젊은 엄마들은 유아식에 죽방멸치만을 갈아 먹인다나 뭐라나. 지족해협에는 죽방렴을 가까이에서 볼 수 있도록 체험장이 마련되어 있다. 이곳 남해 지족해협 죽방렴은 대한민국 명승 제71호로 지정되어 있다. 이 사진은 드론으로 촬영한 것이다.

2004. 2.

080 다랭이마을

'다랭이'란 규모가 작은 밭떼기를 지칭하는 단위이며, 논의 경우 '배미'라 한다. 이건 어디까지나 사전적 의미이고, 경상남도 남해군 남면 홍현리 다랭이마을의 다랭이는 작은 계단식 논을 말한다. 얼마나 그 크기가 작기에 삿갓배미라는 말이 있을 정도이다. 옛날에 한 농부가 일을 하다가 논을 세어보니 한 배미가 모자라 아무리 찾아도 없기에 포기하고 집에 가려고 삿갓을 들었더니 그 밑에 논 한 배미가 있었다는 일화가 그것이다. 논을 한 뼘이라도 더 넓히려고 산비탈을 깎아 석축을 곧추 세워 논을 만들었던 다랭이마을 사람들의 토지에 대한 집념을 엿볼 수 있다.

아직도 농사일에 소와 쟁기가 필수인 마을이며, 마을 인구의 90% 이상이 조상 대대로 살아오는 사람들이라 식사 시간에 앉은 곳이 바로 밥먹는 곳이 될 정도로 인정이 살아 있는 마을이다. 최근 각종 매스컴을 통해 특별한 관광지로 전국에 알려지면서, 도농 교류와 농촌 체험 현장으로 많은 사람들이 찾고 있다. 아무리 찾아도 이곳 전체를 조망할 수 있는 좋은 포인트가 없다. 가까이 서면 논의 기하학적 모양은 자세하게 드러나지만 전체 규모를 알 수 없고, 멀리서 찍자니 평범한 사진이 되고 만다. 참, 신현준, 김수미, 임하룡이 열연한 2006년 작 "맨발의 기봉이"의 촬영장이 이곳 다랭이마을이었다.

1994. 10.

081 고성 삼각주

이곳은 고성군과 통영시의 경계에 있는 벽방산(630m)의 동쪽 사면으로, 행정구역으로는 통영시 광도면 안정리에 속한다. 바다로 유입하는 하천은 벽방산에서 발원한 물이 안정저수지를 거쳐 내려오는데, 지형도에도 하천명이 없을 정도로 작은 하천이다. 하지만 하천 하구에는 전형적인 형태의 삼각주가 형성되어 있다. 이 책에 실린 100장의 사진 중에서 헬리콥터를 타고 찍은 유일한 사진이라 재현이 불가능하며, 더군다나 이곳에 2000년대 초 안정국가산업단지가 완공됨으로써 더 이상 이러한 경관은 볼 수 없게 되었다. 아쉽다. 너무 아쉽다. 사진을 찍기 위해 늘 높은 곳을 꿈꿔 왔는데, 나에게 그런 기회가 찾아온 것이다. 우연히 참여한 용역사업의 마지막 작업이 헬기를 타고 경상남도의 해안을 무려 4시간이나 둘러보는 것이었다. 동료 연구원들의 배려로 헬기에서 상석인 조종사 옆자리를 배정받았다. 가지고 있던 니콘 F3는 파인더가 분리되고 셔터도 렌즈 옆에 달려 있다. 양팔로 잡은 사진기를 창밖으로 내밀고 간유리에 비친 영상을 보면서, 거리 무한대, 노출 최대, 타임 최저로 무려 6통의 슬라이드를 마구 찍었다. 요즘은 어떤지 모르겠으나 당시 공중에서 찍은 사진은 모두 검열을 받아야 했다. 그 결과 많은 슬라이드를 돌려받지 못했지만, 돌아온 것 중의 하나가 바로 이 사진이다.

2010. 9.

082 봉암 육계도

통영에서 배를 타고 10여 분을 가면 한산도에 도착한다. 한산도에 도착하면 제승당을 둘러보고는 곧장 육지로 돌아간다. 별다른 이벤트가 없기 때문이다. 하지만 최근 섬 산행이 늘어나면서 한산도 남쪽에 우뚝 솟은 망산(294m)을 찾는 등산객이 많아졌고, 등산로도 잘 정비되어 있다. 망산 정상에 오르면 휴월정이라는 정자가 있는데, 한려해상국립공원의 전경이 눈앞에 펼쳐진다. 그중에서 눈에 띄는 것이 있다면 바로 추봉도 봉암해수욕장이다. 봉암해수욕장은 약 1km 길이의 자갈 해빈인데, 이 자갈로 된 사취가 작은 섬을 연결해 육계도의 형태를 띠고 있다.

최근 한산도와 추봉도 사이에 연도교가 개통되었다. 한산도로 가는 배는 자동차를 실을 수 있는 도선이기 때문에, 이제 한산도를 거쳐 추봉도까지 쉽게 갈 수 있다. 사진에서 숲으로 덮인 곳이 과거 섬이었고, 자갈해빈이 이 섬과 본섬을 이어준다. 섬과 섬을 잇는 다리라는 의미의 연도교라는 말이 있으니 섬과 섬을 이은 사주라는 의미에서 '연도사주'라고 부르는 것은 어떨까? 연도사주의 남쪽은 외해로 열려 있어 파랑의 에너지가 강하기 때문에 자갈이 쌓이고, 그 반대편에는 모래가 쌓였다. 자갈로 된 해빈을 따라 방호벽을 쌓고는 그 뒤에 취락이 입지해 있다. 멀리 보이는 섬이 용초도이다.

2011. 3.

083 대금산에서 바라본 거가대교

원래 거제도의 중심은 현재 거제면이 있는 서쪽 해안이었다. 해안의 경사도 완만하고 농경지도 넓어 사람들이 많이 살았는데, 보통 행정중심지에서 볼 수 있는 동헌이나 향교 역시 이곳에 있다. 한편 외해로 열려 있는 동쪽 해안은 수심도 깊고 해안절벽으로 되어 있다. 그리고 자그마한 만이 곳곳에 있지만 모두 자갈로 된 해빈이다. 하지만 삼성중공업과 대우해양조선과 같은 세계적인 조선소나 유명한 관광지인 학동 몽돌해수욕장과 거제 해금강 모두 동쪽 해안에 있다. 비록 현재 행정중심지인 신현은 서쪽도 동쪽도 아닌 북쪽 해안에 있지만, 거제시의 산업과 관광의 중심지는 단연 동쪽 해안이다.

거제도 북쪽 장목면에 있는 해발 438m 높이의 대금산은, 봄철 산정 부근에 진달래가 만발하면 상춘객들이 문전성시를 이룬다. 이 사진은 대금산 정상에서 북서쪽으로 가덕도와 진해만 쪽을 바라본 것인데, 가운데 보이는 흰색 다리가 2010년 12월 개통된 거가대교이다. 거제도에서 다리로 이어진 마지막 섬에서 침매터널 구간이 시작되어 반대편에 있는 가덕도로 연결된다. 사람들은 침매터널 구간에서 물고기가 헤엄치고 있는 아쿠아리움을 기대했을지 모르나 그것과는 거리가 멀어도 한참이나 멀다. 한편 침체일로를 걷던 부산의 구도심은 거가대교가 개통됨으로써 새로운 전기를 맞고 있다.

084 중화마을 가두리 양식장

중화마을이 있는 미륵도는 원래 통영과 육계사주로 이어진 육계도였다고 한다. 1932년 이곳에 있던 육계도를 없애면서, 길이 1,420m, 너비 55m, 수심 3m의 운하를 만들었다. 통영의 중요 관광지 중의 하나인 충무해저터널도 이때, 이렇게 만들어진 것이다. 육계도가 사라지고 새로이 만들어진 수로는 여수-부산 간 내항로의 요지로서 선박의 내왕이 지금도 잦다. 만약 이곳에 운하가 없다면 통영으로 들어온 선박이 여수 방면으로 가자면 미륵도를 돌아가야 하는데, 이곳은 외해라 폭풍우가 오면 파도가 만만치 않다. 최근 미륵산 정상으로 가는 케이블카가 생기면서 통영 관광은 또 한 번의 전기를 맞고 있다.

미륵도를 일주하는 산양일주도로는 경치가 좋기로 유명하다. 특히 '달아공원에서 바라본 석양'은 통영8경의 하나이다. 산양일주도로를 타고 가다 보면 미륵도 남서쪽에 중화마을을 지닌다. 중화마을은 특별한 마을이 아니다. 서쪽으로 열려 있는 원형의 만은 삼덕리 헤드랜드와 곤리도, 소장군도, 쑥섬으로 둘러싸여 마치 호수를 연상케 한다. 만 전체를 가두리 양식이 덮을 정도인데, 그것이 그것 같아 보이지만 사료 창고, 가두리 양식장, 작업용 소형 바지선, 그 사이를 오가는 소형어선 등 다양하다. 사진은 오후 늦게 찍었으며, 멀리 보이는 곳은 남해도이다.

2001. 11.

085 등대섬 1

이 섬은 1980년대 후반 쿠크다스라는 과자 CF의 배경으로 등장하여 일반인에게 널리 알려지기 시작했다. 소매물도와 등대섬이 2007년 문화관광체육부의 '가고 싶은 섬'으로 선정되고 최근 KBS 1박2일을 비롯해 여러 TV프로그램에 소개되면서, 섬의 좁은 길은 늘 관광객들로 만원이다. 한때 유홍준의 『나의 문화유산답사기』가 문화 권력을 구가했듯이, 이제 여행 프로그램이 절대 권력을 누리고 있다. 꾼이라 자처하는 이에게는 나름의 숨은 비경들이 있다. 하지만 꾼들이 숨겨 놓은 웬만한 비경이라도 그들의 과녁을 벗어날 수 없다. 막강한 인력과 자금력 앞에는 속수무책이다.

소매물도 망태봉(157m) 조금 아래에 있는 암벽이 등대섬의 유명 조망점이라 인터넷에서 검색되거나 매스컴에서 보도되는 사진 대부분은 그곳에서 등대섬을 보고 찍은 것들이다. 이 사진에서는 등대섬에서 소매물도를 바라보고 거꾸로 찍어 보았다. 어차피 섬과 섬을 연결하는 자갈길이 포인트이고, 동쪽을 바라보기 때문에 언제든지 순광이라 매물도 조망점처럼 이른 새벽이라는 시간적 구애를 받을 필요가 없다. 오른편 멀리 보이는 섬이 주 섬인 매물도인데, 정상인 장군봉(127m)은 소매물도의 망태봉보다 낮다. 사진 왼편 아래쪽 남색 건물들은 등대섬의 항로표지관리소이다.

2010. 10.

<u>086</u> 등대섬 2

하늘에서 등대섬을 보면, 푸른 바다의 융단 위에 놓인 녹색 에메랄드처럼 보일까? 실제로 등대섬과 매물도는 단단하고
수직절리가 잘 발달한 화산암 덕분에 해안을 따라 해식애와 해식동굴이 절경을 이루고 있다. 특히 등대섬과 소매물도 사
이에는 길이가 약 70m가량 되는 자갈길이 간조 때 드러난다. 1시간 뱃길을 멀다 않고 이곳을 찾은 수많은 관광객들은
이러한 이국적인 풍광에 감탄사를 연발한다. 하지만 등대섬에는 아무런 편의시설이 없다. 그래도 불평하는 이 하나 없
다. '소매물도에서 본 등대섬'은 통영8경의 하나이며, 최근 대한민국 명승18호로 지정되었다.

2010. 10.

모래나 자갈의 퇴적으로 육지와 연결된 섬을 육계도라 하며, 이때 모래와 자갈로 된 퇴적물을 육계사주라 한다. 하지만 소매물도와 등대섬처럼 남해안에는 섬과 섬이 모래나 자갈로 연결된 섬이 제법 많다. 섬과 섬을 이은 것이라 육계도나 육계사주와는 다른 이름이 요구된다. 이 사진에서는 가능한 한 자갈길을 많이 담으려 큰 돌 위에서 까치발을 해야 했고, 등대섬이 소매물도와 완전히 분리된 섬이라는 사실을 보여 주기 위해 섬의 가장자리를 전부 담았다. 오전인데도 벌써 사진 왼편에 햇빛이 드리운다.

087 욕지도

욕지도 남쪽에도 갈도라는 유인도 이외에 여러 섬들이 있다. 하지만 경상남도에 속하는 섬으로서 면소재지가 있을 정도로 큰 섬 중 가장 남쪽에 있는 섬은 욕지도이다. 거제에서 직접 욕지도로 오는 여객선도 있지만, 통영에서 연화도를 거쳐 욕지도로 오는 여객선이 육지와의 내왕을 거의 전담하고 있다. 남쪽으로 욕지만이 열려 있으며 만의 내측에 시가지가 넓게 펼쳐져 있다. 1월 평균기온이 2℃밖에 되지 않아, 팔손이나무, 동백나무, 풍란 등 난대성 식물이 자라는 따뜻한 남쪽 바다이다.

요즘 거의 먹지 않지만 수십 년 전만 해도 고구마를 쪄서 말린 것(어릴 적 빼때기라 했는데 다른 지방에서는 무엇이라고

2007. 9.

했는지 궁금하다)을 아이들 간식이나 흉년에 끼니로 먹었다. 빼때기도 욕지 것이 맛있다며 즐겨 먹던 기억이 있다. 아마 감자에 비해 고구마가 잘 상하기 때문에 말려서 먹지 않았었나 생각된다. 욕지도도 다른 섬과 마찬가지로 농업, 어업, 양식업을 겸하지만 특산물은 당연 고구마이다. 이 사진은 욕지도 최고봉인 천황산(392m) 동쪽에 있는 마당바위에서 촬영한 것이다. 디지털카메라로 찍은 여러 장을 합성한 것인데, 이 사진 이후 무겁기만 한 고가의 파노라마카메라를 장롱 속에 모셔놓기 시작했다.

2007. 6.

088 연화도 용머리바위

연화도는 통영항에서 뱃길로 24km 떨어져 있는 섬으로 통영시 욕지면에 속한다. 욕지도, 세존도, 연화도 모두 불교와 관련된 지명이지만 연화도와 불교의 인연은 특별하다. 연화도인, 사명대사, 자운선사 등 조선 시대 유명한 고승들이 이곳 연화도에서 수행한 흔적이 곳곳에 남아 있기 때문이다. 현재 섬 규모에 비해 엄청나게 큰 연화사와 도덕암이라는 두 개의 사찰이 이 섬에 있어, 불자들의 발길이 끊임없이 이어지고 있다. 최근 연화도 정상인 낙가산 연화봉, 보덕암, 용머리바위로 이어지는 산행 코스가 개발되어 육지로부터 많은 등산객이 이 섬을 찾고 있다.

사진에 보이는 헤드랜드는 통영 8경의 하나로 지정되어 있는 연화도 용머리바위이다. 용이 대양을 향해 헤엄쳐나가는 형상이라 이렇게 이름 지었다고 하며, 암초 4개가 연이어 있다고 해서 네바위라고도 한다. 화산암 계열의 암석이라 단단하고 수직절리가 발달해, 외해로 열린 쪽으로 급경사의 해안절벽이 만들어지면서 이와 같은 절경이 이루어진 것이다. 사진 정면 가까이 있는 작은 섬이 소지도이고, 그 뒤에 섬 4개가 보이는데, 왼편부터 어유도, 매물도, 소매물도, 등대섬이다. 요즘 소매물도와 등대섬은 남해안 관광의 1번지라 할 정도로 많은 관광객들이 찾는 섬이다.

2002. 9.

089 소병대도와 대병대도

소병대도와 대병대도는 아마추어에서부터 프로페셔널에 이르기까지 많은 사진가들이 찾는 곳이다. 바다, 하늘, 섬, 배, 안개 등 경관 요소들의 조화가 워낙 뛰어나, 누가 찍든, 언제 찍든, 어떤 장비를 쓰든 항상 좋은 결과를 얻을 수 있는 곳이다. 인터넷으로 검색하면 비슷비슷한 사진을 수도 없이 볼 수 있기에 굳이 이 책에서까지 소개할 필요가 있을까 고민되기도 했다. 하지만 1990년 중반까지 이곳은 낚시꾼을 제외하고는 거의 찾는 이가 없던 곳이다. 아주 엉망인 비포장길을 따라 다포에서 몽돌로 유명한 여차해수욕장을 지나 홍포 못 미쳐 우연히 주차하고 해안을 쳐다보았을 때, 눈앞에 펼쳐진 병대도의 장관은 잊을 수 없다.

여차해수욕장을 벗어나 비포장도로로 홍포 쪽으로 조금 가면 고갯마루에 국립공원공단에서 만든 전망대가 하나 있다. 물론 이곳도 좋은 조망점이지만 제대로 된 조망점은 이보다 훨씬 더 가서 비포장도로가 거의 끝나는 곳에 있다. 정남향이라 이른 아침이나 늦은 오후가 좋고, 안개라도 조금 끼고 작은 고깃배들이 드문드문 있으면 사진 찍기에 금상첨화이다. 이곳 여차·홍포해안은 과거 거제 8경이나 기성 8경에 포함되지 않았지만, 2008년 새로이 개정된 거제 8경에 새로이 선정되었다. 병대도 주변 해안은 거제 낚시의 메카인데, 도로 곳곳에 세워 둔 차는 모두 낚시꾼들의 것이다.

2001. 8.

090 진례분지

이곳 진례분지는 관입한 화강암이 차별침식을 받아 형성된 전형적인 침식분지인데, 출수구만 있는 원형의 분지라 전체적으로 구심상求心狀 하계망을 보인다. 남쪽 외륜산은 용지봉(744m)과 대암산(670m)으로 둘러싸여 고도가 높지만 서쪽과 동쪽의 능선은 북쪽으로 가면서 낮아져 출수구 부근의 외륜산 고도는 100m 정도에 불과하다. 따라서 분지를 관류하는 하천은 남에서 북으로 흐른다. 출수구를 벗어난 화포천은 낙동강의 배후습지인 화포천 습지로 유입된다. 노무현 대통령 생가 앞을 흐르는 용성천도 화포천 습지로 유입하는 또 다른 하천이다.

산간분지는 예로부터 농업 활동의 중심지인 동시에 주변을 관할하는 행정중심지가 있던 곳이다. 진례분지는 낙동강 최하류에 있지만 분지의 형태나 기능은 여느 산간분지와 다르지 않다. 사진 왼편 끝 아파트 몇 채가 보이는 곳이 진례면 소재지이다. 이전부터 농업이 이지역의 주된 산업이었지만 최근 진례분지는 급격한 변화를 겪고 있다. 부산, 김해, 창원과 같은 대도시에 인접해 있고 남해안고속도로가 지나가 교통이 편리하여 중소기업들이 몰려들기 때문이다. 사진은 만고개 가는 길에서 서쪽 능선을 바라다본 것으로, 이전 농촌 주거지에 작은 공장 건물들이 새로이 입지했다.

2002. 4.

091 돌안골 구천댐

이곳은 차동차 도로에서 완만한 길을 10분만 걸어 들어가면 되니 숨겨놓은 비경이라 할 것까지는 없지만 수자원보호구역이라는 간판은 무시하고 들어가야 볼 수 있는 곳이다. 그러나 비가 많이 와서 저수지 물이 가득 차올라 물가로 맨땅이 노출되지 않는 정확한 시점을 맞추어야 한다. 만약 그러지 못한다면 이 사진과는 전혀 다른 경치가 나오기 때문에 출입금지 간판을 무시하고 약간의 양심을 판 대가를 얻을 수 없다. 조망점에 이르면 겨우 두세 사람이 설 수 있는 아주 좁은 바위가 나타난다. 혼자 이곳을 지날 때면 조용히 앉아 캔맥주를 마시면서 한참을 머문다. 정말 좋다.

거제도는 큰 섬이고 인구도 많으며, 대규모 조선소가 있어 물 수요가 많다. 제법 큰 저수지로는 섬 북쪽의 연초저수지와 남쪽의 구천저수지가 있다. 구천저수지가 만들어지기 전에 이곳은 구천천 상류로 돌안골이라 부르던 곳이었다. 하지만 댐이 만들어지고 수위가 상승하면서 곡류 구간에서 생각지도 않은 경관이 만들어진 것이다. 이 사진 때문에 이곳이 알려져 많은 관광객들이 찾을까 걱정이지만 개발할 것은 개발하고 개발하지 말아야 할 것은 철저히 보호할 수 있는 지혜를 발휘하기를 거제시에 기대한다. 거제시의 주민 1인당 소득이 35,000달러쯤 된다고 하니, 가능하지 않을까?

092 돛대산에서 본 낙동강 삼각주

동신어산에서 신어산으로 이어지는 동서방향의 주능선에서 삼각주를 향해 남쪽으로 4가닥의 능선이 뻗어 있다. 각 능선의 말단부에 봉우리가 하나씩 있는데, 서쪽 능선부터 동쪽으로 분성산, 돛대산, 까치산, 백두산이 각각 그것들이다. 이 중 최고의 조망점은 단연 돛대산(380m) 정상이다. 돛대산에서 낙동강 삼각주는 정남향이기 때문에 하루 종일 역광인 경우가 대부분이다. 수차례 이곳을 올랐지만 번번이 실패하여 겨울철 새벽에 헤드랜턴을 켠 채 돛대산을 올랐다. 어딘가 조금 아쉽지만 그나마 낙동강 삼각주를 통째로 담은 사진이라 나름의 의미가 있다고 자족해 본다.

2010. 11.

낙동강은 물금에서 양산단층 방향인 남쪽으로 방향을 바꾸고 곧장 바다를 향해 내려온다. 그러던 중 구포에 이르면 두 가닥으로 나뉘는데, 사진에서 왼편이 낙동강, 오른편이 서낙동강이다. 낙동강 삼각주는 이 두 하천 사이에 있다. 삼각주 안을 자세히 살펴보면 분류들에 의해 여러 하중도로 나뉘어 있는데, 대저도, 맥도, 일웅도, 을숙도, 천자도, 순아도, 명호도 등이 그것들이다. 낙동강 하구언은 낙동강 하류에 있으며, 삼각주 한가운데 있는 개활지가 김해국제공항 활주로이다. 2002년 중국민항기가 착륙 도중 불시착하여 많은 인명 피해가 난 곳이 바로 돛대산 정상 아래이다.

093 동신어산에서 본 물금

경부선 열차를 타고 부산에서 삼랑진으로 가는 길 오른편으로 승학산, 백양산, 금정산, 오봉산, 토곡산, 천태산 등이 낙동강 변에 우뚝 솟아 있다. 하지만 열차는 이들 산 밑을 달리므로 차창을 통해서는 거의 볼 수 없다. 오히려 강 건너 반대편 산릉에 오르면 이들 산과 낙동강이 어우러진 장쾌한 경관을 볼 수 있다. 사진은 낙남정맥의 마지막 봉우리인 동신어산(460m) 정상에서 물금과 양산 쪽을 보고 촬영한 것이다. 왼편에 있는 산이 오봉산(533m)이고 산 아래 강변에 물금취수장이 있다. 오른편 산 정상에 뾰족 내민 봉우리가 금정산 고당봉(801m)이다.

2009. 1.

오봉산 아래 시가지는 수도권을 제외하고 요즘 가장 활발하게 개발되고 있는 양산 물금지역이며, 부산 지하철이 이곳까지 연장, 운행되고 있다. 농경지였던 범람원은 이제 주택이나 상업 용지로 바뀌었고 최근 준공된 부산대 양산캠퍼스에는 대학 병원이 새로 개원했다. 범람원 내 고립 구릉인 증산은 미앤더코어라 판단된다. 이러한 지형은 사행이 활발해지면서 유로가 절단되어 형성되는 것이 보통이다. 하지만 낙동강과 같은 대하천 하류의 경우 해수면 상승과 함께 과거 안부가 물에 잠기면서 하천이 짧은 유로를 선택하면 이와 같은 미앤더코어가 만들어질 수도 있다. 어느 쪽인지 확실하지 않다.

094 생림승수로 1

1930년대까지 이곳 생림들은 낙동강 변 자연제방을 제외하고 저습지와 호소로 된 버려진 곳이었다. 낙동강 제방이 건설되고 기계식 배수가 가능해지면서 점차 안정된 농경지로 개간되었다. 하지만 집중호우 시에 배후산지로부터 내려오는 빗물이 너무 많아 기계배수에만 의존하기에는 역부족이었다. 이를 해결하는 한 가지 방법으로 승수로를 도입했다. 승수로란 저지대의 침수를 막기 위해 구릉지 말단부를 따라 주변의 농경지보다 높게 만들어 놓은 배수로를 가리킨다. 이 사진은 이작초등학교 건물 옥상에서 하류 쪽을 바라다보고 승수로를 촬영한 것이다.

2004년 이 지역을 조사하던 중 도로변에 일정한 높이의 계단상 지형이 계속 이어지는 것이 눈에 띄었다. 혹시 하안단구가 아닌가 하여 차를 세우고 그 위로 올랐더니, 예상과는 다르게 인공수로가 달리고 있었다. '도대체 무엇이지?' 그 후 십여 차례에 걸쳐 이곳을 방문하여 조사한 후, 생림승수로에 대한 논문을 발표한 바 있다. 승수로의 생명은 경사를 최대한 완만하게 유지해서 본류와 만나는 배수구에서 본류 하상과의 고도차를 극대화하는 것이다. 고도차가 크면 클수록 본류의 수위가 상승하여도 자연배수가 언제든지 가능해지기 때문이다.

2004. 8.

095 생림승수로 2

승수로의 경사를 완만하게 유지하기 위하여 여러 가지 방법을 이용한다. 기본적으로 배후산지 경계부를 따라 우회하면서 경사를 유지하지만 필요하다면 산각을 절단하기도 하고 터널을 뚫기도 한다. 생림승수로에는 지형적 장애를 극복하기 위해 우회, 절단, 터널과 같은 모든 방법들이 다 동원되었다. 특히 송촌마을과 북곡마을 사이에는 길이가 무려 360m나 되는 터널이 있다. 터널에서 빠져나온 빗물은 이곳 배수구로 이어진다. 승수로를 이용한 자연배수를 위해서는 배수구의 고도가 홍수위보다 높아야 지속적인 배수가 가능하다.

사진은 낙동강 본류의 평수위 시 배수구를 촬영한 것으로, 낚시꾼의 모습으로 보아 6~7m의 고도차를 확인할 수 있다. 배수구의 고도는 50년 주기의 홍수 시에도 자연배수가 가능하도록 9.55m로 설계되어 있다. 낙동강 본류를 건너 이곳 생림들 바로 맞은편에 있는 삼랑진 수위관측지점의 홍수주의보 수위는 7m이고 홍수경보 수위는 9m이다. 따라서 홍수경보가 발효되어도 생림승수로를 이용한 자연배수는 가능하다. 다른 승수로와는 달리 이곳 승수로 배수구에는 갑문이 없는데, 이는 본류의 물이 승수로를 통해 역류할 가능성이 없기 때문일 것이다. 배수구 위 다리는 과거 경전선 철도가 지나던 곳이나, 지금은 레일바이크 선로로 이용되고 있다.

2004. 8.

096 임호산에서 본 김해평야

남해고속도로를 타고 김해 IC를 지나 서김해 IC 쪽으로 가다 보면 정면에 자그마한 산이 나타난다. 이 산이 바로 임호산 (178m)인데, 낮고 작지만 어딘가 당당함이 느껴진다. 산 중 턱에 흥부암이라는 암자까지 길이 나 있으나 무척 험하고 주 차할 곳도 마땅치 않다. 흥부암 뒤를 돌아 정상에 오르면 낙 동강 삼각주 속에서 낙동강 삼각주를 바라볼 수 있는, 생각 하지도 않았던 경관이 펼쳐진다. 북쪽으로 김해신시가지가 보이고, 동쪽과 남쪽으로는 멀리 부산의 금정산과 백양산 그 리고 산 아래 북구와 사상구 일대의 시가지가 보이고 전면에 서낙동강 주변의 삼각주가 눈앞에 펼쳐진다.

이 사진은 임호산 정상에서 남쪽을 바라본 것이다. 분류와 하중도로 이루어진 삼각주의 지형 구조는 서낙동강 우안에 서도 확인할 수 있다. 사진 오른편 중앙에 보이는 분류가 해 반천이고, 산 아래에서 율하천과 만나 조만강을 이루고는 사 진 왼편 상단 끝에 보이는 서낙동강으로 합류한다. 합류점 부근에 둔치도라는 하중도가 있는데, 이곳을 100만 평 문화 공원으로 조성하자는 범시민운동이 전개되고 있다. 특이하 게도 사진 정면에 보이는 집들이 곡류하고 있는데, 어쩌면 이전에 곡류하던 분류 가장자리를 따라 형성된 취락이 아닌 가 생각되지만 확인한 바 없다.

2004. 9.

097 정병산에서 본 주남저수지

낙동강의 배후습지성 호소 대부분은 본류와 지류 합류점 부근에 퇴적이 이루어지면서 지류 계곡이 습지화된 것인데, 많은 습지가 농경지 개발을 이유로 사라졌지만 아직도 일부 남아 있다. 그러나 주남저수지의 경우, 자연제방 뒤로 넓은 범람원이 만들어지고 배후산지 가장자리를 따라 배후습지가 발달했다는 점에서 우포와는 형성 과정이 사뭇 다르다. 이 사진은 정병산(567m)에서 북쪽을 향해 촬영한 것으로, 사진 아래쪽 시가지는 창원시 동읍 소재지이다. 이곳을 대산평야라 명명하고 범람원의 개척 과정을 소상히 밝힌 권혁재 교수의 논문(1986)은 철저한 현장 조사를 근간으로 하는 지리학 연구의 전범이다.

대산평야는 1912년 무라이村井라는 일본인이 이곳에 촌정농장을 설립함으로써 본격적으로 개발되었다. 범람원 군데군데 보이는 작은 구릉들을 연결하는 제방(촌정제방)을 쌓고 배후산지 주변에 흩어져 있는 습지를 정리해 현재의 주남저수지를 만들었다. 집중호우가 내리면 제방 안쪽의 빗물을 주남저수지로 퍼내고, 농업용수가 필요할 때면 주남저수지로부터 양수하였다. 한편 과거 밭으로 이용되던 자연제방은 현재 낙동강 본류의 인공 제방과 촌정제방 사이에 있는데, 본포양수장에서 물을 끌어와 이곳을 관개함으로써 모두 논으로 개발할 수 있었다. 주남저수지의 생태적 가치는 분명하다. 하지만 마치 이곳이 세계적인 습지인 양 호들갑을 떠는 것은 어색하다 못해 넌센스에 가깝다.

098 안민고개와 분수계

분수계란 하천의 유역분지를 나누는 경계로 대부분 산 능선으로 되어 있지만, 그렇지 않은 경우도 간혹 있다. 백두대간을 종주하다 보면 운봉분지 내에서는 분지 한가운데를 지나야 하는데, 이러한 경우를 능선분수계에 대비하여 곡중분수계라 한다. 분수계를 지리학적, 지질학적 산맥과 혼동하여 현재 교과서에서 가르치고 있는 산맥을 폐기하거나 수정해야 한다고 주장하는 사람들이 심심치 않게 등장한다. 특히 백두대간을 두고는 우리식의 산맥인식체계이므로 일본인들이 만든 산맥은 폐기되어야 한다고 주장할 때면 어떻게 설명, 아니 해명해야 할지 난감할 뿐이다.

2004. 11.

이 사진은 진해시 북쪽을 동서로 달리고 있는 분수계인데, 안부에는 창원과 진해를 잇는 안민고개가 있다. 능선 왼편은 창원시 쪽이며, 이곳에 떨어진 빗물을 창원천을 지나 낙동강을 거쳐 남해로 이어진다. 하지만 능선 오른쪽에 떨어진 빗물은 사면을 따라 진해만으로 직접 흘러간다. 남해안을 따라서 동서방향으로 몇 열의 능선이 지나고 있는데, 이 능선도 그중 하나이다. 1903년 우리나라 산맥을 최초로 규정한 고토 분지로小藤 文次郎가 이 능선들을 한반도에서 마지막으로 일어난 구조 운동의 결과로 보고, 한산산맥이라 명명한 바 있다. 그러나 현재 사용되는 산맥도에는 나와 있지 않다.

099 낙동강 1: 신곡천 습지

사진에서 습지처럼 보이는 신곡천은 천태사 계곡을 빠져나와 낙동강 범람원에 이르면, 동쪽으로 방향을 바꾸어 약 2km 가량 경부선 철도와 나란히 달리다가 원동천에 합류한다. 원동천은 영축산–신불산 산릉의 영남알프스를 사이에 두고 양산단층과 평행하게 달리는 배내단층을 관류해 이곳 원동에서 낙동강에 합류한다. 이곳 습지가 경부선 철도의 건설로 유로가 차단되면서 만들어진 것인지 아니면 자연제방을 따라 흐르던 야주하천인지 확인하기 위해 일본 방첩대가 19세 기 후반에 제작한 지도를 살펴보았다. 그 결과 후자인 것으로 확인하였다.

2006. 10.

사진은 신곡천 습지 중간쯤에 있는 도로변 구릉에서 낙동강 하류 쪽을 바라보고 촬영한 것이다. 집중호우로 낙동강 본류 수위가 상승하면, 이곳 습지는 배수가 불량해져 습지 전 지역이 물속에 잠긴다. 하지만 이내 물이 빠지면서 원래의 모습으로 되돌아온다. 언제 보아도 아름다운 풍광이지만, 특히 가을철 해질 무렵 습지와 억새가 붉게 물들면, 마치 장엄한 서사극의 한 장면을 보는 듯하다. 왼편 마을에 경부선 원동역이 있으며, 컨테이너를 실을 화물열차는 막 원동역을 벗어나 삼랑진역으로 향하고 있다. 오른편 멀리 보이는 높은 산이 신어산(630m)이다.

100 낙동강 2: 물금취수장과 매리공단

사진 앞쪽의 시설은 부산시민들의 식수 원수를 취수하는 물금취수장이며, 강 건너 건물들은 김해시 상동면 매리에 있는 매리공단의 공장들이다. 2006년 4월 김해시는 소감천 주변 매리공단에 새로이 28개 공장의 설립을 인가하였고 이에 일부 부산시민과 양산시민이 공장 승인 취소 소송을 제기하면서 부산시와 김해시 사이에 물 분쟁이 시작되었다. 승소와 패소를 반복한 끝에 2010년 대법원은 김해시 측에 손을 들어주었다. 하지만 한때 김해시와 부산시는, 대구시가 낙동강 변에 위천공단을 추진하자, 낙동강 식수원이 오염된다며 함께 반대한 경험을 가지고 있다.

2006. 10.

부산시 수돗물의 원수는 90% 이상 낙동강에서 취수한 것으로, 이곳 물금취수장은 부산시 전체 수돗물 생산 중 23%가량
을 담당하고 있다. 대구와 구미 같은 대도시의 생활하수뿐만 아니라 낙동강 유역 내 농업 및 축산단지로부터 배출되는
각종 오폐수는 모두 낙동강을 따라 흐르다 마지막으로 이곳 물금을 지난다. 이에 부산시는 비교적 오염되지 않은 맑은
물을 얻고자 경상남도에 남강댐 물 잉여분의 이용을 제안했다. 하지만 경상남도는 남는 물이 없을 뿐만 아니라, 댐을 높
일 경우 발생하는 안전 문제를 이유로 들어 제안을 거절했다. 이제 먹는 물마저도 첨예한 지역 갈등의 근원이 되고 있다.

101 금정산맥 능선에서 바라본 양산단층

일광, 울산, 양산, 배내, 밀양, 이들은 한반도 동남부를 평행하게 달리는 단층들이다. 최근 원자력발전소 건설과 관련하여 이들 단층들에 대해 집중적인 조사가 이루어졌다. 그 결과 신생대 제4기 퇴적층을 자르는 단층들이 곳곳에서 발견되어 최근까지 활동을 계속한 활단층으로 간주되고 있다. 사진 한가운데 길게 이어지는 구조곡(단층선곡)을 따라 양산시가지가 펼쳐져 있다. 평행한 단층선을 따라 일련의 단층선곡들이 만들어지면, 그 사이 산지들 역시 평행하게 달린다. 사진 오른쪽 천성산맥과 금정산맥은 울산단층과 양산단층 사이에 있고, 사진 왼쪽 영축산–신불산으로 이어지는 영남알프스는 양산단층과 배내단층 사이에 있다.

2011. 5.

이들 산맥과 단층선곡들은 지도나 구글어스 등에서 제공하는 위성사진으로부터 쉽게 확인할 수 있다. 그러나 그 규모와 연속성이 어느 정도인지 실감하기란 쉽지 않다. 규모란 3차원으로 확인할 때만이 뚜렷하게 인지될 수 있는 형상적 특징이라, 이를 위해서는 아주 높은 곳에서 비스듬하게 바라볼 수 있는 조망점이 필요하다. 고속도로 양산휴게소에서 금정산맥 쪽을 바라보면 삐죽이 내민 암봉이 하나 있다. 암봉은 능선 바깥쪽으로 위험스럽게 튀어나와 있으나, 접근이 용이하고 그 위가 제법 널찍해 휴식을 취하면서 조망하기에 큰 불편은 없다.

2001. 9.

102 양산 고위평탄면

북북동—남남서 방향의 양산단층과 배내단층 사이로 영축산 (1,081m)—신불산(1,159m)—간월산(1,069m)으로 이어지는 영남알프스 산릉이 달리고 있다. 이 산릉은 남쪽으로 계속 연장되어 낙동강 하안의 오봉산(533m)까지 계속 이어지는 데, 산릉의 길이가 무려 40km에 달한다. 언양에서 밀양 산 내로 가는 석남고개가 이 산릉의 북쪽에 있지만, 실질적으로 이 산릉을 넘는 고개는 단 한 곳밖에 없다. 양산시 어곡동과 원동면 대리를 잇는 바로 이곳 어곡고개인데, 고개 높이는 730m가량 된다. 이처럼 고개가 없는 것은 동사면의 경사가 매우 급하고 고도 또한 높기 때문일 것이다.

이 사진은 에덴밸리리조트가 개발되기 이전인 1990년대 후 반의 모습이다. 산정에 나타나는 완경사지는 고위평탄면으 로 판단되는데, 목장으로 이용되고 있었다. 하지만 현재 이 곳에는 에덴밸리CC가 개발되었고, 그 서쪽 사면을 따라 에 덴밸리 스키장이 개장되었다. 고산에 개발된 골프장이라 계 절에 따른 장단점이 있겠지만 스키장은 겨울 스포츠의 불모 지나 다름없는 남쪽 지방에서 획기적인 시설로 각광을 받고 있다. 스키 슬로프가 북서향에다 고도가 높은 것이 큰 몫을 한 것 같다. 하지만 고개를 넘는 도로는 경사가 급하고 안전 시설이 미비해서 교통사고의 위험이 상존해 있다.

2008. 5.

103 천성산 고산습지 화엄늪

양산 단층선곡을 사이에 두고 영남알프스 건너편에는 천성산(921m)에서 정족산(748m)으로 이어지는 천성산맥이 달리고 있다. 원래 이 산은 원효산이라 불렸으나 천성산의 주봉이 되었고, 그 북동쪽에 있는 이전의 천성산(813m)은 천성산 제2봉으로 바뀌었다. 사진에서 평탄면은 천성산 정상 남서쪽에 넓게 펼쳐져 있는 화엄늪이다. 이러한 고산습원은 산정에 고위평탄면이 잘 나타나는 영남알프스와 천성산맥 곳곳에서 볼 수 있다. 이곳 토양은 이탄질과 부식질로 된 습지토양인데, 여기에 서식하는 다양한 동식물들로 인해 독특한 생태 환경을 유지하고 있다.

천성산은 환경 분쟁의 전형적인 예이다. 천성산을 관통하는 원효터널 공사 때문에 이곳 화엄늪과 반대편의 밀밭늪이 마르고 생태계가 파괴된다며 도롱뇽을 원고로 하여 지율스님과 환경 단체가 공사착공금지소송을 냈던 곳이다. 지리한 소송 끝에 원고는 패소하고, 공사는 완공되었다. 도롱뇽이 사멸했는지는 알 수 없지만, 오늘도 KTX 열차는 원효터널을 통과해 천성산 밑을 지나고 있다. 고산습원은 기본적으로 토양수가 모여든 와지이기 때문에 기반암 밑 수백미터 지하에 있는 터널과는 상관없다. 감상적 환경지상주의도, 어설픈 과학만능주의도, 지구를 구해야겠다는 또 다른 자만도 우리 모두 경계해야 할 것이다.

1997. 9.

104 와룡산 보른하르트

화강암은 북한산, 설악산, 월출산, 속리산처럼 암반이 노출된 석산이 되기도 하고, 차별풍화와 차별침식을 받아서 주변 산지보다 낮은 분지를 만들기도 한다. 처음 발령을 받았던 진주 부근에는 거의 경상계 퇴적암만 나타나기 때문에, 학생들에게 화강암을 설명하기가 쉽지 않았다. 화강암은 입자가 큰 석영, 장석, 운모로 이루어져 있고 밝은색을 띠며, 단단한 암석이다. 그러나 토양 속에서는 쉽게 풍화를 받아 수십미터 이상 풍화되는 경우도 있는데, 테니스장에 까는 마사토가 화강암의 풍화토라고 설명은 했지만 화강암을 보지도 못한 그 학생들이 과연 이해했을까? 단언컨대 제대로 이해했을 리 만무하다.

다행이 진주 인근 사천에 와룡산이 있었다. 또한 이 산록 아래에는 전형적인 선상지가 펼쳐져 있어 훌륭한 야외실습장 구실을 했다. 와룡산은 주변 퇴적암을 관입한 화강암이 침식의 결과 산이 된 것으로, 인수봉이나 울산바위와 마찬가지로 주변보다 풍화를 적게 받아 살아남은 풍화잔존 산지, 즉 보른하르트이다. 산정에는 암괴가 노출되어 있고 화강암 특유의 판상절리가 잘 발달해 있다. 6000만 년 전 지하 수킬로미터 밑에 관입해 암석이 된 후, 풍화와 침식을 받아 현재 799m 와룡산이 되었다는 초년 교수의 무지막지한 설명을 이해하기 위해서 학생들은 얼마만 한 상상력을 동원해야 했을까?

울산·부산

105 영남알프스 신불능선

양산단층 구조곡을 따라 경부고속국도 부산-경주 구간을 달리다 보면 양편으로 남북방향의 험준한 산맥이 나란히 달리고 있다. 특히 상행선 왼편에는 남쪽으로부터 영축산(1,081m)-신불산(1,159m)-간월산(1,069m)-가지산(1,241m) 등 1,000m가 넘는 산릉이 이어져 있다. 영남알프스란 지역 산악인들이 이 산릉과 이 산릉의 서쪽에서 평행하게 달리고 있는 재약산(1,119m)-천황산(1,189m) 산릉 그리고 이들 산릉과 북쪽에서 직교하면서 동서방향으로 달리는 구만산(785m)-억산(962m)-운문산(1,195m)-가지산(1,241m) 산릉을 합쳐 부르는 이름이다.

2009. 10.

사진에서 왼편 높은 곳이 신불산 정상이고 멀리 영축산 정상이 보인다. 두 산 사이의 평탄한 능선을 신불능선이라 하는데, 오르기는 어렵지만 일단 오르면 장쾌한 산릉이 등산객들을 반긴다. 능선 너머로 희미하지만 나란히 달리는 또 다른 능선을 볼 수 있다. 바로 양산단층 구조곡 건너편의 천성산맥이다. 완만한 서쪽 사면에 비해 동쪽 사면은 급경사이다. 이러한 구조는 양산단층과 평행한 모든 단층에서 확인할 수 있다. 일반적으로 양산단층을 주향이동단층이라 하지만, 연속된 급경사의 동쪽 사면으로 판단하건대 동해 쪽으로 내려앉은 계단단층step fault일 가능성도 있다.

2004. 5.

106 강동화암주상절리

이곳을 설명할 때, 강동해안의 화암마을이라 한다. 이때 강동은 울주군 강동면에서 유래한 것이다. 1997년 울산시가 울산광역시로 승격하면서 울주구가 울주군으로 바뀌고, 이때 울주구에 속하던 농소읍과 강동면이 북구에 소속되었다. 따라서 현재 지명에서 강동은 울주군이나 울산광역시에는 없고, 다만 경주시에 다른 강동면이 있다. 이곳 화암마을 해변에는 용암에서 흔히 볼 수 있는 주상절리가 나타난다. 흔히 주상절리라 하면 제주도, 울릉도, 철원 용암대지를 떠올리지만, 동해안을 따라서 이곳 화암마을 이외에 경주 읍천읍 해안, 포항 달전리 등에서도 나타난다.

주상절리는 현무암, 안산암, 유문암과 같은 화산암류가 지표 가까이에서 갑자기 식을 때 나타나는 절리로서 육각형에서 삼각형까지 다양한 모양을 이루면서 수직으로 짜개져 기둥모양으로 나타난다. 따라서 주상절리란 이 기둥 모양에서 연유한 이름이다. 이곳 주상절리는 신생대 제3기(약 2000만 년 전)에 분출한 현무암질 용암이 냉각되면서 생성된 것이다. 수평 또는 수직방향으로 세워진 목재더미를 연상케 하는데, 길이는 수십미터이고 주상체 횡단면의 대각선 길이는 50cm 정도이다. 소나무가 서 있는 해빈 끝 암괴에도 주상절리가 나타난다.

<u>107</u> 부산항 1

근대사를 돌이켜보면 19세기 초반 코카서스에서 시작된 영국과 러시아의 그레이트 게임은 계속 그 게임 공간을 동쪽으로 옮기면서 20세기 초반 동북아시아에서 러일전쟁을 끝으로 막을 내린다. 1898년 제정러시아는 부동항을 얻기 위한 하나의 방편으로 대한제국에게 절영도(현재 영도)를 자국 해군의 석탄고 기지로 조차하겠다며 대한제국에게 압박을 넣었다. 대한제국은 이에 동의하여 승인 절차를 밟던 중, 독립협회가 대규모 만민공동회를 열어 러시아의 침략 정책에 격렬하게 반대한다. 그 후 마산항 조차, 영일동맹, 영암포 사건을 거쳐 러일전쟁으로 치닫는다.

2004. 10.

영도는 1934년 영도대교가 건설되면서 도심의 배후지 기능을 맡게 되었고, 6.25 전쟁으로 부산에 몰려온 피난민들이 대거 영도에 정착하면서 또 한 번 크게 탈바꿈 한다. 북항을 가로질러 감만동과 영도를 연결하는 북항대교가 완공되면, 신설된 남항대교와 함께 부산 도시 교통의 새로운 중심지가 될 것으로 예상된다. 사진 왼편 중앙에 커다란 배가 정박해 있다. 이곳 한진중공업은 우리나라 최초의 근대식 대형 조선소였던 대한조선공사를 인수하여, 현재 운영 중이다. 한진중공업 뒤에 보이는 섬은 연륙된 조도(아치섬)인데, 이곳에 한국해양대학교가 있다.

108 부산항 2

부산항은 1876년 일본과의 제물포 조약에 의거해 제물포항, 원산항과 더불어 개항되었다. 그 이후 1945년 해방될 때까지 현재 북항재개발사업이 추진 중인 1, 2부두를 비롯해 3, 4부두가 완공되었다. 사진 오른쪽 가까이 있는 부두가 3부두이며 그 옆으로 계속해서 4, 5, 6부두가 있고, 맞은편에 7부두와 8부두가 보인다. 각 부두마다 하역하는 화물이 다른데, 사진 정면에 컨테이너를 하역하고 있는 부두가 5, 6부두이고, 일명 자성대부두라 한다. 사진은 중앙공원에서 동쪽을 바라다보면서 촬영한 것으로, 맑게 갠 초여름의 전형적인 부산 날씨이다.

부두와 평행하게 한 줄로 늘어선 높은 건물들 사이로 도심을 관통하는 간선도로(7번 국도의 연장), 지하철, 경부선 철도,

2004. 10.

부두 길이 달리고 있다. 경부선의 최종 종착지인 부산역은 건물에 가려 보이지 않으나 3부두 부근에 있다. 또한 늘어선 건물들은 대개 조선, 해운, 금융, 무역과 관련 있는 기업들이 입주해 있다. 사진 왼편 산 정상에 중계탑이 둘 있는데, 가까운 것이 황령산이고 그 뒤가 금련산이다. 금련산 너머로 보이는 높은 산이 해운대 뒷산인 장산이며, 해운대 북쪽 달맞이 고개에 따닥따닥 붙어 있는 주택들이 아스라이 보인다. 현재 북항 일대는 재개발 사업으로 완전히 새로운 면모를 보이고 있으며, 2030년 엑스포가 개최될 현장으로 국내외적 관심이 집중되고 있다.

가덕도 응봉산에서 본 연안사주

가덕도는 김해시 용원동, 부산시 송정동 해안과 마주하는 섬으로 낙동강 하구의 서쪽 경계이다. 1989년 부산시로 편입되었지만 섬 전체가 산지로 이루어져 있고 해안 역시 가팔라 대부분의 주민은 수산업에 종사하고 있다. 최근 이 섬은 두번의 큰 변화를 맞았다. 하나는 육지와 가덕도 사이에 기존의 부산항을 대신할 부산신항만이 건설된 일이다. 2006년에 개장된 부산신항만은 이제 우리나라 최대의 컨테이너 항구로 성장하고 있다. 다른 하나는 2011년 개통된 가덕도를 통과하는 거가대교인데, 이로 인해 부산과 거제가 점차 단일 생활권으로 바뀌고 있다.

2011. 10.

이 사진은 가덕도 동북쪽 해안에 있는 매봉산(232m) 정상에서 낙동강 하구 쪽으로 촬영한 것이다. 낙동강 하구에는 동서 방향으로 해안선과 평행하게 발달한 해안사주가 나타난다. 해안사주는 바다로 유출된 모래가 파랑에 의해 육지 쪽으로 밀어붙여져서 형성된 것이다. 이 지역에서는 해안사주를 '등'이라 하는데, 옥림등, 나무싯등, 새등이 그 예이다. 사진에서 왼편 가까이 있는 섬이 진우도이고 그 옆에 있는 것이 신자도(새등)이다. 1987년 낙동강 하구둑이 막히면서 해안사주의 파괴를 걱정하기도 했으나, 오히려 등과 간석지가 새로 생겨나고 그 면적도 늘어나고 있다.

110 서낙동강 중사도

남류하던 낙동강은 구포 부근에서 두 가닥으로 나뉘는데, 과거 낙동강의 본류는 서낙동강이었다. 1935년 서낙동강 입구에 대저수문이, 하류 출구에 녹산수문이 만들어짐으로써 서낙동강은 거대한 호수로 바뀌었고, 동쪽의 분류가 낙동강의 본류가 되었다. 초기에는 낙동강 하류에 홍수가 예보되면 대저수문을 닫고 간조 시 녹산수문을 열어 서낙동강 전체를 비운 후, 홍수가 최고조에 달하면 대저수문을 열어 홍수위를 낮추기도 했다. 현재 서낙동강은 관개용수를 공급하는 기능을 하지만, 그마저도 오폐수 유입에 따른 수질 오염으로 제 기능을 못하고 있다.

이 사진은 서낙동강 서편 하안에 있는 가락산에서 북쪽을 보고 촬영한 것이다. 가락산이 산이라는 이름을 가지고 있지만 그 높이는 47m에 지나지 않는다. 낙동강 삼각주에는 기반암이 돌출한 30~40m 높이의 산들이 여럿 있는데, 해발고도 얼마 이상이어야 한다는 물리적 규모뿐만 아니라 인식론적 의미에서 산이 정의되고 있음을 알 수 있다. 가락산 정상에는 임진왜란 때 일인들이 만든 죽도성이 있다. 정면 하중도가 중사도이고, 그 뒤로 김해 시가지가 보인다. 왼편 끝 높은 산이 신어산이고, 거기에서 이어지는 능선에 우뚝 솟은 봉우리가 돛대산이다.

2004. 11.

111 승학산에서 본 삼각주

"도대체 어딜 가야 낙동강 삼각주를 시원하게 볼 수 있습니까?" 다른 지리학자들이 이런 질문을 할 때마다 나의 답은 하나다. "부산에는 얼마나 머물 건데?" 낙동강 삼각주는 길이 20km, 폭 10km가량 되는 우리나라 단일 지형 중 최대 규모이다. 그러니 높은 산에 오르지 않고는 삼각주 전체를 조망할 수 없다. 이 사진은 동아대학교 뒷산인 승학산(497m) 정상에서 하구 쪽으로 촬영한 것이다. 동아대학교 구내에서 가장 높은 곳이 해발 150m가량 되니, 자동차로 이곳까지 오더라도 나머지는 스스로 올라야 한다. 고도를 350m 더 올리려면 적어도 1시간은 걸린다.

2005. 12.

하굿둑과 연결된 하중도는 일웅도이고 연이어 아래쪽에 붙어 있는 섬이 을숙도이다. 을숙도에는 낙동강 하구 에코센터
가 있으며 자연습지가 잘 보존되어 있다. 다시 다리를 건너면 삼각주의 본섬인 명지도에 도달한다. 명지도 말단부에 건
물이 하나 있는데, 이곳이 명지주거단지 예정 부지이다. 이 사진은 공사가 시작되기 전에 촬영한 것으로, 명지주거단지
는 현재 완공되어 주민들이 살고 있다. 삼각주 하단에는 해안사주가 길게 늘어서 있고, 그 너머 가까이 있는 섬이 가덕도
이고 멀리 희미하게 보이는 산맥은 거제도이다. 사진의 오른편 상단은 아직 개발되기 전의 신항 부지이다.

2012. 3.

112 천마산에서 본 감천마을

이곳은 부산의 아트빌리지로 불리며 주말에는 관광객들로 붐비는 감천문화마을이다. 일제강점기 충청도를 중심으로 교세를 확장하던 태극도는 1948년 부산 보수동으로 내려와 포교활동을 시작하였다. 한국전쟁 이후 부산의 도심 개발 과정에서 도심의 판자촌은 도시미관과 화재위험 등으로 철거 대상이 되었고, 이주 대상지를 찾던 태극도 교도들이 지금의 감천2동으로 이주지를 결정하였다. 당시 이주민은 1,500세대 4,000명에 이르러 우리나라 최대의 단일종교취락을 이루었다. 이후 태극도의 분화로 종교인들이 빠져나가고 1970년대 도시개발에 따라 외지인의 이주가 늘어나면서 신앙촌으로서의 이미지는 많이 희석되었다.

강렬한 푸른색 지붕과 모형 같은 집 구조 등으로 감천문화마을은 '한국의 산토리니', '한국의 마추픽추', '레고 마을'로 불리며 유명세를 타기 시작했고 도시재생사업의 모델로 선정되어 지금은 외국인도 많이 찾는 부산의 주요 관광지가 되었다. 이 사진을 찍으려면 마을로 들어서지 않고 마을 입구 반대편 천마산을 올라야 한다. 천마산 정상아래 조망점에서는 감천동 전체 모습과 문화마을의 독특한 패턴과 가로망 등이 확인된다. 마을이 들어선 곳은 옥녀봉의 남동사면이며 마을의 좌측으로 어떻게 경작지들이 남아 있는지 신기하다. 고개 넘으면 비석문화마을이 있는 아미동이며 뒤쪽으로 구덕산이 보인다. 좌측으로 멀리 보이는 산은 동아대학교가 위치한 승학산이다.

2009. 3.

113 안창마을

부산의 마지막 달동네인 안창마을은 도심에서 바로 이어지는 자그마한 분지에 입지해 있다. 도심 속 작은 섬처럼 주변 경관과는 대조를 이루는 이곳은 분지 안쪽 끝이라는 의미로 안창이라는 마을 이름이 지어졌다. 이곳은 6.25전쟁 때 피난 온 사람들이 한 채, 두 채 지은 판자촌이 현재의 모습으로 이어졌다. 사진에서 보듯이 슬레이트 지붕의 푸른 색과 집집마다 지붕 위에 놓인 또 다른 푸른색의 물탱크가 이채롭다. 이곳에서 카메라를 들이댈 때마다 마음이 짠하다. 게다가 내가 하고 있는 일이 제국주의적 호기심의 연장이 아닌가 늘 되묻고는 한다.

자동차나 버스로 이 마을에 오려면 사진 정면의 시가지(서면) 쪽에서 진입해야 한다. 사진 한가운데 보이는 버스는 이곳으로 오는 마을버스인데, 오른편 숲 사이의 나지막한 계곡을 따라 나 있는 도로를 따라 지하철 1호선 범일역까지 간다. 하지만 이 사진은 중앙공원에서 구봉산과 수정산을 오른 후 동의대학교로 내려오면서 촬영한 것이다. 수정산 하산 길인 동의대학교와 이곳 안창마을 사이에는 철조망이 쳐져 있지만, 당연하게 있는 개구멍으로 들어가면 이 사진을 촬영한 조망점에 도착한다. 여기에 오면 이것저것 여러모로 늘 조심스럽다.

114　황령산 사자봉에서 본 부산항

광안대교를 한눈에 볼 수 있는 곳은 금련산천문대가 있는 부산청소년수련원일 것이다. 하지만 금련산이나 황령산 정상에 도착하면 능선에 가로 막혀 광안대교 조망이 신통치 않다. 황령산 정상에서 문현동 쪽으로 난 능선을 따라 15분가량 가면 사자봉에 오른다. 거기서 조금만 더 가다가 내리막길 초입에 들어서면, 부산항의 전경이 눈앞에 펼쳐진다. 만 전체가 부두로 개발된 상태이지만 늘어나는 물동량을 감당할 수 없어 새로이 신항을 건설하였다. 현재 부산항과 신항의 물동량은 반반 정도이지만 점점 신항의 비중이 높아짐에 따라 부산항의 새로운 변신이 기대된다.

2011. 5.

오른편 저 멀리에 영도와 남부민동을 잇는 남항대교가 보이고, 좁은 해협 사이로 영도다리와 부산대교가 보인다. 사진 앞쪽으로 여객터미널, 북항재개발사업이 한창인 1, 2부두, 삐죽이 내민 3, 4부두, 붉은색 크레인이 보이는 컨테이너 전용 부두인 5, 6부두가 연이어 있다. 방향을 틀어 7, 8부두가 있지만 규모가 작아 구분이 쉽지 않다. 사진 가운데 하늘색 건물이 제강 공장인 유니온스틸인데, 그 앞이 감만부두이다. 여기서 영도를 연결하는 북항대교가 공사 중인데, 북항대교 주탑 2개가 눈에 띈다. 왼편 끝에 있는 것이 신선대 컨테이너 전용부두이다.

115 이기대와 광안대교

광안리해수욕장에서 바라보는 광안대교는 부산의 대표적인 관광 아이콘이다. 게다가 해변을 따라 늘어선 카페거리와 민락공원 부근의 횟집거리는 젊은이들뿐만 아니라 부산을 찾은 모든 이들을 매료시키는 광안리만의 독특한 경관이다. 매년 가을 수십만의 인파가 몰려드는 세계불꽃축제는 광안리가 지닌 매력의 결정판이다. 이 사진에서는 일반인의 시각과 반대로 이기대에서 광안리해수욕장, 광안대교, 센텀시티, 장산, 동백섬 누리마루, 해운대와 달맞이고개를 바라보았다. 부산을 바라보는 또 다른 시점이라 외지인들이 부산이라는 공간을 이해하는 데 도움이 될 것 같다.

2011. 4.

사진을 촬영한 곳은 이기대 백련사 위 산불감시초소 부근으로 해발고도는 100m 정도에 지나지 않지만, 이곳에서는 부산의 대표적인 해변 풍광들을 볼 수 있다. 백련사까지는 산길이 잘 나 있으며, 그 위 정상까지도 쉽게 접근할 수 있다. 이기대는 최근 각광을 받고 있는 부산의 새로운 도시자연공원인데, 1993년까지 군사작전지역이라 민간인의 출입이 통제되었던 곳이다. 해안을 따라 펼쳐진 절벽과 평탄한 해안파식대로 이어지는 해안산책로는 부산시민들의 휴식처일 뿐만 아니라, 인접한 장산봉(225m) 산책길과 연계해서 외지 관광객들도 많이 찾는 곳이다.

2004. 7.

116 동래성 북장대에서 본 동래구 일대

동래성은 1592년 임진왜란 초기, 부산진성 전투에 이어 두 번째 전투가 있었던 곳이다. 동래부사 송상현은 고니시 유키나가가 지휘하는 왜군의 공격을 막다가 장렬하게 전사하였으며, 동래성은 그때 함락되었다. 그 이후 왜군은 파죽지세로 한양을 향해 진격했다. 당시 주고받았다는 글귀는 아직도 회자되고 있으며, 전투를 앞둔 장수의 결연한 의지를 엿볼 수 있다.

싸우겠다면 싸울 것이나, 싸우지 않으려면 길을 빌려달라
戰則戰矣不戰則假道
싸워 죽기는 쉬우나, 길을 빌리기는 어렵다
戰死易 假道難

지형도를 통해 과거를 복원해 보면 동래성터의 북쪽과 동쪽은 북장대와 동장대로 이어지는 야트막한 산이 감싸고 있었고, 평지로 열려 있는 남쪽과 서쪽은 현재의 온천천이 휘감고 있는 모습이었을 것이다. 최근 지하철 4호선 건설 당시 수안역 부근에서 유골과 녹슨 병장기들이 동래성 해자에서 발굴되었고, 이를 전시하기 위해 수안역사에 임진왜란 역사관이 꾸며져 있다. 이 사진은 북장대에서 남서쪽으로 부산시청 청사가 있는 연제구 쪽을 바라본 것이다. 아래쪽 구릉지는 복천동 고분발굴지이며, 왼편에 중계탑 2개가 우뚝 서 있는 산이 황령산이다.

2005. 9.

117 금정산성

금정산성은 남쪽 상계봉(638m)에서 금정산 정상인 북쪽 고당봉(801m)까지, 고위평탄면에 위치한 산성마을을 빙 둘러싸고 있는 타원형의 석성으로, 원래 길이는 17km였으나 현재 4km만 남아 있다. 허물어진 기존의 석성을 임진왜란과 병자호란을 겪고 난 이후인 숙종 29년(1703)에 재건한 것이다. 그 뒤 1707년 성이 너무 넓다는 이유로 남북 두 구역으로 구분하는 중성中城을 쌓았는데, 현재도 그 흔적이 남아 있다. 금정산은 도심과 인접해 있어 부산시민들이 즐겨 찾는 산으로, 등산객이 늘어나면서 등산로 곳곳이 황폐화되어 복원사업이 계속되고 있다.

사진에서 보듯이 1.5~3m 높이의 석성은 왼편 완경사지와 오른편 급경사지의 경계부를 따라 쌓여 있다. 석성을 쌓는데 사용한 돌은 능선을 따라 늘어서 있는 암괴(토르tor)의 암석과 일치한다. 인수봉처럼 거대한 암괴를 드러내는 수도권 주변의 대보화강암과는 달리 이곳 불국사화강암은 능선을 따라 소규모의 암괴들이 드러나 있다. 혹자는 노인의 치아와 아기의 치아로 비유하는데, 암석 차이도 있겠으나 대보화강암이 불국사화강암보다 훨씬 이전의 것이기 때문일 수 있다. 금정산의 대표 사찰인 범어사 주변에는 이들 암괴에서 비롯된 암괴류가 잘 나타난다.

제주

<u>118</u> 한라산 남벽

한라산 남벽은 우리나라 최대의 암벽이다. 정상에서 암벽 하단까지 수직 고도가 무려 300m나 되며, 주상절리가 발달해 있고 식생이 전혀 없어 그 앞에 서면 위압감마저 느낀다. 그 아래에는 한라산 자생의 아고산대 식물인 눈향나무, 시로미, 털진달래 등이 제주 조릿대에 밀려 바위틈에서 자라고 있고, 이들 사이로 산철쭉이 군락을 이루고 있다. 이들 모두 키 작은 관목류라 남벽을 등지고 사방을 둘러보면 끝도 없이 펼쳐진 제주 중산간지대의 광활함을 만끽할 수 있다. 더군다나 서귀포에서 시작해 남벽 아래까지 이어지는 돈내코 등산로에는 고도에 따라 아열대-난대-온대-고산 식물이 차례로 이어진다.

2010. 3.

원래 돈내코 등산로는 1973년에 개방되었고, 남벽을 거쳐 정상까지 갈 수 있었던 등산로였다. 1994년 남벽 등산로가 붕괴되어 한동안 출입이 제한되었다. 2010년 돈내코 등산로가 다시 개방되어, 이제 일반인들도 남벽의 위용을 볼 수 있게 되었다. 하지만 남벽 등산로는 개방되지 않은 채, 남벽 분기점에서 윗세오름까지 2.1km의 우회 등산로가 개설되었다. 돈내코 등산로는 출발지인 서귀포 공설묘지에서 남벽 분기점까지 7km나 되어 오르기가 쉽지 않다. 남벽을 보기 위해서라면 다음과 같은 경로를 권한다. 어리목-윗세오름-남벽분기점-윗세오름-영실.

2005. 7.

119 어승생악에서 본 한라산

어승생악은 제주시 남쪽에 있는 측화산으로, 표고(1,169m)와 비고(350m) 모두 높아 주변에서 쉽게 확인된다. 등산로가 잘 정비되어 있어, 어리목휴게소에서 정상까지 30분이면 오를 수 있다. 정상에는 비가 오면 물이 고이는 분화구가 있고, 전망대가 조성되어 있다. 또한 정상 부근에는 토치카와 동굴진지가 있는데, 이것들은 태평양전쟁 말기인 1945년 미군의 일본 본토 진입을 막기 위한 방어선의 일환으로 일본군이 구축한 시설물들이다. 남쪽으로 제주시가 보이고, 날씨가 좋으면 추자도와 노화도, 보길도 등 완도의 여러 섬들도 보인다. 전라남도의 섬들이 생각보다는 가까이에 있다.

사진은 어승생악 정상에서 북쪽을 보고 촬영한 것이다. 사진 아래 개활지는 어리목휴게소이며, 구름으로 약간 가려진 곳이 한라산 정상이다. 한라산 정상 주변은 완만한데, 사진에서는 엷은 갈색을 띠고 있다. 그림자가 짙게 낀 계곡이 어리목계곡이며, 이 계곡 끝에 윗세오름 대피소가 있다. 사진 중앙에 희미하게 난 등산로를 따라 계곡을 건너 급경사 길을 오르면, 사진 오른편의 평평한 능선에 이른다. 이곳부터 평탄한 산행길은 어리목계곡을 왼편에 두고 윗세오름까지 이어지는데, 해발 1,300~1,600m 사이 키 작은 관목들이 융단처럼 펼쳐진 꿈길과 같은 등산로가 바로 이곳이다.

2010. 3.

120 윗세오름 가는 길

한라산 등산로는 모두 5개로, 성판악코스와 관음사코스는 한라산 정상 백록담까지 이어지지만, 어리목코스, 영실코스, 돈내코코스, 모두 윗세오름 대피소에서 끝난다. 날씨만 좋다면 길지만 완만하고 백록담 구경도 할 수 있는 성판악코스가 일반인에게 가장 좋다. 그러나 한라산 정상이 구름으로 가려 있다면, 아무것도 못 본 채 그저 산속에 난 숲길을 하염없이 걷다가 되돌아온 꼴이 되고 만다. 구름 한 점 없이 맑은 날, 기어이 백록담을 보리라 굳은 각오로 성판악을 출발했으나, 순식간에 구름이 끼여 아무것도 볼 수 없는 곳이 바로 한라산 정상이다.

등산로마다 나름의 장단점이 있겠지만, 개인적으로는 어리목코스를 가장 좋아한다. 어리목 주차장에서 출발해 산을 오르면, 900~1,300m까지의 계단 길은 지루하고 힘들기만 하다. 그러나 1,300m 사재비 동산에서부터 1,600m 윗세오름 대피소까지 완만하게 이어지는 산길은 평화로움 그 자체인데, 안개라도 끼어 있다면 그 즐거움은 배가 된다. 드문드문 구상나무 숲이 있지만 대개는 제주 조릿대가 초원을 덮고 있어 우리나라 어디에서도 느낄 수 없는 황무지 자연미를 만끽할 수 있다. 이제는 윗세오름에서 한라산 남벽까지 갈 수 있어 금상첨화이다.

121 고근산에서 본 한라산

제주 공항에 내리자마자 공항 청사 밖에 나오면 종려나무와 같은 열대 나무 사이로 한라산 정상이 보인다. 물론 날씨가 맑을 때 이야기이다. 개인적으로 이 광경이 제주에서 느꼈던, 그리고 항상 느끼는 최고의 감동 중 하나이다. 어쩌다 운이 좋아 비행기의 창을 통해 한라산 정상을 마주할 경우 그 감동은 말할 것도 없다. 이 사진집에서는 제주도 해안에 있는 대표적인 오름인 고근산, 지미봉, 금악, 단산, 송악산, 어승생악에서 본 한라산을 계속해서 소개하고자 한다. 360여 개의 오름은 형성 과정도 생김새도 각기 다르지만, 그곳에서 보이는 경관도 방향에 따라 다르다.

고근산은 서귀포 북동쪽에 위치한 오름으로, 정상에서 바다 쪽을 보면 제주 월드컵경기장이 보인다. 고근산은 표고

2003. 1.

396m, 비고 171m인 비교적 규모가 큰 오름인데, 이곳에 개설된 등산로는 서귀포 주민들의 산책로로 애용되고 있다. 또한 고근산은 제주 올레길의 한 구간에 포함되는데, 정상에 서면 서귀포 시가지와 그 앞에 떠 있는 범섬, 문섬과 같은 섬들의 풍광을 볼 수 있고 야간에는 서귀포 앞바다의 야경도 볼 수 있어, 외지인들의 발길도 잦다. 고근산 정상에서 북쪽을 바라보면 한라산이 눈앞에 펼쳐지는데, 한겨울에 찍은 사진이라 산 정상에 눈이 쌓여 있다. 사진 왼편에 보이는 것과 같은 골프장들이 중산간지대에 점점 늘어나면서, 새로운 골프장들이 사진 중앙 쪽 지역으로 들어서고 있다.

2010. 3.

122 서귀포 월드컵경기장

이 경기는 전북 현대와 제주 유나이티드 간의 K리그 경기이다. 관중석에 녹색 유니폼을 입고 있는 사람들은 전북 현대의 원정 응원단이며, 백넘버 20은 이동국 선수의 것이다. 이동국 선수는 당시 후보 명단에 올라와 있을 뿐 경기장에는 없다. 스포츠를 하거나 보는 것을 무척 좋아하지만, 2002년 월드컵 당시 왜 한 경기도 보러 가지 않았는지 지금 생각해도 의문이다. 입장권 살 돈이 없었던 것도 아닌데. 당시 이곳에서 어떤 경기가 열렸는지 전혀 기억나지 않지만, 당시의 흥분과 함성이 들리는 것 같아 제주를 찾을 때면 꼭 이곳을 들린다.

경기장에 들어서면 예상 외로 작은 규모에 놀란다. 축구 전용구장이라 그라운드와 관중석이 가까워 선수들의 숨소리까지 들을 수 있을 정도이다. TV에서 보는 유럽의 리그 경기장은 모두 이 정도의 규모이다. 바로 앞에 보이는 오름은 고근산이며, 맑은 날에는 그 뒤로 한라산 정상이 보인다. 물론 등 뒤로는 서귀포의 아름다운 해안이 펼쳐진다. 서귀포는 평소에도 바람이 센 곳이라 경기장은 지면보다 낮게 만들었다. 정말 아름다운 축구장이다. 하지만 이날 유료 관중은 1,000명이 채 되지 않았다. 제주는 태풍이 직접 지나는 곳이라 경기장 천장의 천막은 여름 한 철을 넘기기 힘들다고 한다. 제주에서 프로 경기가 열리는 것을 탓할 수가 없다. 하지만 자본주의의 꽃 중 하나인 프로 경기가 이런 식으로 운영되는 모습이 그저 안타까울 뿐이다.

2003. 11.

123 편형수

제주도 해안을 따라 걷다 보면 나무 가지들이 한쪽 방향으로 기울어진 것을 흔히 볼 수 있다. 가지가 한쪽 방향으로 기울어졌다고 편향수라 부르기도 하고, 형태가 한쪽으로 기울어졌다고 편형수라고도 하는데, 후자가 올바른 표현이다. 편형수란 수목이 성장하는 과정에서, 탁월풍이나 강풍의 영향을 받아 바람맞이 쪽 가지들이 강한 증산작용으로 생장하지 못하거나, 구부러졌거나, 바람의지 쪽으로 쏠리면서 나타나는 현상을 말한다. 혹자는 바다에서 불려 온 염분에 잎이 말라 죽으면서 바람맞이 쪽 가지들이 제거된 결과로 설명하기도 한다.

사진 속의 나무는 수령이 150년가량 된 팽나무로, 구좌읍 동복리 도로변에 있다. 이 나무는 편형수로는 가장 유명한데, 실제로 지리 관련 인터넷 블로그에 단골로 등장할 정도이다. 사진을 자세히 보면 이 나무 이외에도 그 뒤에 있는 작은 관목들까지도 같은 방향으로 기울어져 있음을 확인할 수 있다. 가지들이 기울어진 방향은 북서–남동 방향인데, 이는 제주의 겨울철 탁월풍 방향과 정확하게 일치한다. 편형수는 해안뿐만 아니라 바람이 심하게 부는 곳이면 어디서든 볼 수 있는데, 기상관측소가 없는 곳에서는 탁월풍의 지표가 될 수 있다.

2004. 2.

124 당근 수확

대규모 채소 농사를 짓고 있는 모습을 제주 곳곳에서 볼 수 있다. 대표적인 작물로는 무, 당근, 감자 등을 들 수 있는데, 비옥한 토양과 따뜻한 겨울이 재배와 판매에 유리한 조건으로 작용하고 있다. 무와 마찬가지로 당근 역시 가을부터 다음 해 봄까지 수확하는데, 이 사진은 2004년 2월에 찍은 것이니 월동 당근임에 틀림없다. 좋은 당근을 고르려면, 표면이 매끄럽고, 색이 진하고 선명해야 하며, 약간 뚱뚱하고 무게감이 있는 것이 좋다. 하지만 당근의 꼬리 쪽이 가늘거나 구부러진 것을 피하고, 목에 푸른빛이 도는 것도 삼가야 한다.

이곳은 제주시 구좌읍 한동리로, 제주 북동쪽 세화해수욕장과 김녕해수욕장 사이에 있다. 자세히 보면 온통 모래밭이고, 밭 뒤쪽 구릉 역시 식생으로 덮여 있지만 전형적인 사구이다. 12번 국도를 따라 구좌읍 일대를 지나다 보면 주변 경작지 대부분이 모래로 덮여 있음을 확인할 수 있다. 실제로 겨울철 바람이 심하게 불 때면 검은색 아스팔트 도로 위에 쌓여 있는 흰색 모래를 볼 수 있다. 사구를 조사하기 위해 이곳을 지나다 우연히 이 광경을 만났다. 푸른 하늘, 흰 모래, 검은 돌담, 초록 소나무, 빨간 당근 등 다양한 색상을 담아 볼 요량으로 사진을 찍었다.

2010. 3.

125 무 수확

해남 산이반도에서는 가을걷이 배추를 수확하지 않고 따뜻한 겨울을 넘겨 봄철에 월동 배추를 수확해서 비교적 비싼값에 판매한다. 이와 마찬가지 원리로 제주에서는 월동 무를 생산하고 있다. 보통 8월에 무를 파종하고 9월 중순경에 솎아주기를 한다. 그러면 11월 말경에도 수확이 가능하지만 12월 초부터 본격적으로 수확을 한다. 배추값에 따라 그때그때 수확하지만, 제주도 무 수확은 5월 말까지 이어진다. 5월이면 봄 무가 나오지만 겨울을 이겨 낸 월동 무가 더 단단하고 맛있다고 한다. 이 사진은 제주 동북부 어느 마을을 지나다 우연히 찍은 사진이다.

좋은 무의 조건은, 첫째 표면이 매끈하고 뿌리 부분에 푸른빛이 도는 것, 둘째 몸체의 형태가 곧고 흙이 많이 안 묻은 것, 셋째 육질이 단단하고 단맛이 나는 것이라 한다. 이 사진은 2010년 3월 중순에 찍은 것이라 그 전해에 심었던 월동 무가 틀림없으며, 사진에서 보듯이 제주 무는 육지 무에 비해 길이가 짧고 둥그스름한 것이 특징이다. 부지런하기로 둘째가라면 서운해 할 제주 아낙 10명이 두 사람씩 짝을 지어 뽑아낸 무를 5줄로 가지런히 늘어놓았다. 하도 재미난 광경이라 30분가량 일하는 아낙들 주변을 어슬렁거리며 사진을 찍어댔다. 물론 사진을 찍지 말라는 눈총도 받았지만.

126 망자의 공간 입산봉

제주의 수많은 오름은 초지와 삼림으로 덮여 있어 활용이 제한적이지만, 눈에 띄는 경관 중 하나는 사면에 들어선 묘지 경관이다. 제주에서는 무덤을 '산'이라고 부르며, 매년 봄 목초지를 태우는 방애불과 야생동물의 침입으로부터 무덤을 보호하기 위해 돌을 쌓아 만든 산담이라는 울타리를 두르고 있다. 검은색 현무암으로 쌓은 산담은 녹음이 우거지는 여름이나 눈 내린 겨울에 도, 심지어 봄, 가을에도 시선을 끌기 때문에 제주를 찾는 사람들이 자연스럽게 독특한 제주의 장묘문화에 관심을 갖게 한다. 제주도 중산간 지대의 오름 사면에는 이처럼 산담으로 둘러싸인 무덤이 자리잡고 있는 모습을 볼 수 있다. 무덤이 집단적으로 들어선 오름은 마을 공동묘지인 경우가 많다.

입산봉은 제주시 구좌읍 김녕리의 남쪽에 위치한 높이 85m의 야트막한 오름으로 삿갓오름으로 불리기도 한다. 낮은 비고, 규모에 비해 큰 분화구, 오름의 경사 등으로 미루어 봤을 때 입산봉은 수성화산체인 응회환에 해당된다. 제주에서 동부 해안으 로 가기 위해 1132번 도로를 따라 김녕을 지날 때면 입산봉을 지나지만 대부분 삼나무가 들어선 오름으로 여기고 지나친다. 하지만 남쪽을 제외한 다른 방향에서 이 오름을 바라보면 3,000개에 이르는 무덤으로 뒤덮인 사면을 보면 전율을 느낄 정도이다.

2011. 7.

1439년부터 입산봉은 서산봉─원당봉─사라오름을 거쳐 제주목 관아에 이르는 봉화의 시작점으로 지정되어 400년간 봉수대로 이용되면서 입산이 금지되었다. 조선말 갑오개혁으로 봉수대의 역할은 사라지고 1910년 입산금지령이 해제되면서 입산봉에 무덤이 들어서기 시작했고, 이후 김녕리의 공동묘지로 지정되어 오늘에 이르고 있다. 삼나무가 식재된 북쪽 사면을 제외한 전체 사면에 무덤이 들어서 있는데, 북쪽 사면에 무덤이 없는 것은 김녕리 주민의 일상에서 망자의 공간이 보이는 것을 막기 위함인 것으로 판단된다.

무덤이 들어선 사면과 달리 아끈다랑쉬와 같이 평평한 바닥의 분화구는 예전에 물이 솟았다는 기록이 있으며 금훼수禁毀水로 지정하여 각별하게 보호하였고, 과거에는 논으로 이용되었다. 김녕마을 설립 당시부터 공동경작지로 이용되었으나 1850년 개인에게 소유권이 이전되었고, 1945년 농지개혁을 통해 57명의 소작인에게 분배되었다. 이후 현재의 주인이 매입하여 김산농장金山農場을 운영하고 있다. 원형 분화구를 8분한 경작지의 기하학적 모습이 이채로운 가운데, 비닐하우스 좌측의 하얀색 건물은 이곳에서 유일한 생자의 공간이다.

2010. 3.

127   새별오름 아래 공동묘지

제주시에서 최단 거리로 중문이나 산방산 쪽으로 가려면 중산간 지역을 횡단하는 도로를 택하는 것이 좋다. 이 도로는 서부관광도로, 평화로 등으로 불리는 95번국도인데, 고르바초프 러시아 대통령과 우리나라 노태우 대통령의 서귀포 회담을 위해 만든 것으로 기억하고 있다. 이 도로 양쪽으로 측화산들이 줄지어 나타나는데, 그중 하나가 새별오름이다. 도로변에 있는 오름들 중에서 유독 새별오름에 출입구를 알리는 교통 표지판이 있는 것은, 정월대보름에 새별오름에서 들불축제가 열리기 때문이다. 액운을 몰아내고 다복과 풍요를 기원한다며, 새별오름 전체를 통째로 태워 버린다.

어두운 밤, 이글거리는 붉은 들불이 안겨 주는 카니발의 흥분 그리고 익명성. 여하튼 새별오름의 들불축제는 제주도 이외 지역에서 이를 보기 위해 제주를 찾을 정도로 가장 볼만하고 성공적인 축제로 인정받고 있다. 하지만 사진에서 보는 바와 같이 새별오름(519m) 북서쪽에는 축제의 생동감과는 거리가 멀어도 한참 먼, 망자들의 공간 공동묘지가 있다. 제주도에는 산이라고 해 보아야 오름밖에 없어서 대부분의 공동묘지는 오름에 있다. 함께 누워 있는 수백 개의 봉분 중에는 돌담으로 둘러싸인 것도 있고 아닌 것도 있으며, 넓은 초원에 홀로 자리 잡은 것도 있다. 죽어서도 팔자는 다른가 보다.

2003. 1.

128 다랑쉬오름(월랑봉)

다랑쉬오름은 구좌읍에 있는 오름 중에서 유독 그 당당한 자태가 돋보인다. 분화구 가장자리의 한쪽은 높고 반대편은 낮
아 약간 비대칭이지만, 원추형의 기하학적 형태를 가장 완벽하게 유지하고 있다. 또한 비고가 227m에 달해 주변 어느
오름보다 높게 보이는 것이 그 당당함의 이유일 것이다. 바로 옆 용눈이오름에 오르면 어느 때라도 순광으로 다랑쉬오름
를 찍을 수 있지만, 너른 벌판에 덩그러니 홀로 있어 구도 잡기가 만만하지 않다. 보통 그 단조로움을 깨기 위해 구름, 노
을, 눈 등이 동원되지만, 이 사진에서는 제주 특유의 산담 무덤을 이용했다.
해방 정국에 좌우 갈등으로 많은 희생자를 낸 곳이 제주이다. 제주 곳곳에는 아직도 4.3사건의 아픔이 남겨져 있는데,
4.3사건 당시 무장대의 주요 거점이었던 다랑쉬오름 주변도 그런 곳 중 하나이다. 오름 아래 있던 다랑쉬동굴에서 아이
들이 포함된 11명이 희생되었고, 20여 가구의 다랑쉬마을이 폐촌 되기도 했다. 이전에 다랑쉬오름에 오르려면 패러글라
이딩을 하던 사람들이 오르던 길을 이용해야 했는데 무척이나 가팔랐다. 최근에는 등산로가 정비되어 수월하게 오를 수
있게 되었다. 해 질 무렵 오름 정상에서 바라보는, 석양에 담긴 한라산과 주변 오름들의 조화는 신비로움 그 자체이다.

233

129 아끈다랑쉬오름

아끈다랑쉬오름은 다랑쉬오름에 아끈이라는 접두어가 붙은 것인데, 제주 말로 '아끈'이란 '작은'을 뜻한다. 앞에서 지적했듯이 다랑쉬오름은 구좌읍에 있는 오름 중에서 가장 당당한 자태를 가지고 있으며, 마치 혹성에 딸린 위성인 양 바로 옆에 자그마한 분석구를 하나 끼고 있는데, 그것이 바로 아끈다랑쉬오름이다. 아끈다랑쉬오름의 비고는 58m에 불과해서, 다른 오름에 비해 쉽게 오를 수 있다. 분화구 가장자리에 오르면 가운데가 낮아 분화구가 있었음을 알 수 있으나, 가장자리와 가운데의 기복 차가 거의 없어 정상은 밋밋한 편이다.

2010. 11.

다랑쉬오름에서 아끈다랑쉬오름을 내려다보면 '작다'는 느낌보다는 '귀엽다'는 느낌이 앞선다. 드문드문 관목류가 오름의 비탈면을 덮고 있지만 분화구 주변은 풀로 덮여 있고, 서쪽 비탈에 난 오름길과 분화구 주변에 나 있는 길 역시 '아끈'이라는 이름에 걸맞게 앙증맞다. 아끈다랑쉬오름 주변에도 오름들이 많은데, 해안을 따라 가장 왼편에 지미봉과 그 뒤의 우도가 보이고, 멕시코 모자처럼 생긴 이중화산 두산봉과 그 오른편에 성산일출봉이 보인다. 그 사이에 작고 뾰족한 봉우리가 식산봉이며, 아끈다랑쉬오름 뒤에 있는 것이 은월봉이고 그 오른편 뒤가 대왕산이다.

130 지미봉에서 본 한라산

지미봉은 우도 맞은편 해안에 솟아 있는 해발 166m의 오름인데, 오름 등산로 입구가 해안가에 있으므로 이 높이 모두를 올라야 지미봉 정상에 설 수 있다. 공개되어 개인적으로는 부끄럽고 혹시 본인에게 실례가 될까 염려되지만, 마음속으로는 이 봉우리를 지미봉이 아니라 한국 최고의 여자 배우 김지미의 이름을 따서 김지미봉이라 부른다. 정상에서 360° 획 둘러보면, 우도, 성산일출봉, 당산봉이 바로 눈앞에 펼쳐지며, 종달리의 해안과 새벽에 종달리 포구로 귀환하는 작은 어선들의 물굽이가 햇살을 받아 너무나 아름답기 때문이다.

2010. 11.

불법인 줄 알지만 아버지의 유언에 따라, 나는 그분의 유골을 몰래 산골 했다. 그곳이 어딘가는 밝힐 수 없지만. 그렇기 때문에 나 역시 봉분을 쓸 자격이 없다. 언젠가 아들에게 말할 예정이다. 나는 이곳 지미봉에 뿌려달라고. 한라산의 정동에 위치한 지미봉에서 순광으로 한라산을 찍기 위해서는 새벽빛을 이용해야 하고, 그때만이 한라산을 호위하는 장군인양 서 있는 오름들이 오롯이 살아나 주변과 대조를 이룬다. 초점이 맞지 않아 원경이 희미하다고 지도학생으로부터 핀잔을 받았지만, 나는 안개 때문이라고 끝까지 우긴다. 언제 올라도 이곳에서 보는 한라산의 풍광은 아름답다.

131 일출봉 1

10여 년 전 경상대학교에 근무하던 시절, 사정사정을 하면서 지구환경학과 손영관 교수의 학부 답사에 동행한 적이 있다. 부끄러운 이야기지만 하이드로볼케이노hydro-volcano, 파이로클래스틱pyroclastic, 응회구tuff cone, 응회환tuff ring 등 수성화산체에 관한 이야기를 처음 들었다. 지금까지 어디 가서 제주도에 관해 조금이나마 아는 척을 할 수 있는 것은 모두 그분 덕택이다. 제주에서 뭐니 뭐니 해도, 일출봉이 단연 돋보인다. 높이는 182m밖에 되지 않지만, 바다 위에 우뚝 솟은 해식애와 오목하게 들어간 원형의 분화구, 그리고 주변의 수려한 해안 경관은 제주 제일의 장관이다. 일출봉은 수성화산의 분화에 의해 만들어진 응회구이다.

2011. 9.

이 사진은 대수산봉에서 촬영한 것이다. 대수산봉은 올레길 2구간에 포함된 분석구로, 그 높이는 137m에 불과하다. 주차장에 차를 대고 오르면 정상까지 10여 분이면 오를 수 있다. 이 작은 수고에도 불구하고 정상에서는 우도와 일출봉을 비롯해 성산읍 일대를 한눈에 볼 수 있다. 조망점의 고도가 낮아 일출봉으로 이어지는 육계사주 모습이 확연하게 드러나지 않지만, 조망 방향이 서북향이라 항상 순광으로 촬영할 수 있다는 이점이 있다. 사진 왼편에 보이는 해발 60m의 식산봉 정상에도 가 보았지만, 나무가 울창해 일출봉을 제대로 볼 수 없었다.

<u>132</u> 일출봉 2

이 사진은 제주도 세계7대 경관 선정을 위한 TV 홍보 자료 화면 중에서 해녀가 전복을 들고 있는 장면의 배경과 흡사하다. 세계7대 경관 선정이 도대체 어디서 하는 행사인지, 선정되면 어떤 효과가 있는지 정확하게 국민들에게 알려 주지 않으면서, 선정을 위해 전 국민이 나서야 한다고 전직 총리까지 동원해서 법석을 떨고 있다. 국외자로 한 발짝 뒤로 물러나 보고 있으면, TV 가요 순위 프로그램에서 자신의 아이돌을 향해 팬클럽 전부가 나서서 투표하는 것이랑 별반 다른 것 같지 않다. 어른들이 하는 일치고는 유치하다. 물론 2011년에 제주도가 선정되었다. 하지만 지금 그 사실을 되뇌는 일은 없다.

2004. 1.

기다란 육계사주로 연결된 일출봉은 굵은 밧줄에 매달린 커다란 상선처럼 바다 위에 당당하게 떠 있다. 이 사진은 다른
사진과는 달리, 응회암에 붙어 있는 청태, 해 질 무렵 그림자, 물웅덩이 등을 동원해, 어쭙잖게 일반 풍경사진에서 추구
하는 경관미를 시도한 것이 아니냐는 의심을 받을 수 있다. 하지만 사진의 절반을 차지하고 있는 전경의 암석은 일출봉
응회암이 침식에 깎여 나가고 그 침식 물질이 쌓여 만들어진 신양리층이다. 경관미 속에 정보를 담았기 때문에 이 사진
역시 지오포토의 기본을 지켰다고 주장한다면, 너무 견강부회牽强附會하는 것일까?

241

2005. 9.

133 일출봉 3

응회환tuff ring과 응회구tuff cone는 모두 마그마가 얕은 바닷물이나 지하수와 만나 갑자기 식어 먼지처럼 미세하게 짜개지고, 그것이 끓는 물의 압력에 폭발적으로 분화한 결과 쌓인 것이다. 화산재가 화구를 중심으로 멀리 이동하면서 도넛 모양으로 쌓인 것을 응회환이라 한다면, 응회구는 화산재가 화구 위로 높이 올랐다가 화구 주변에 높게 쌓인 것을 말한다. 응회구의 경우 그 높이가 100m 이상이고 화산재 층의 경사는 30° 내외이며, 분화구는 지면보다 훨씬 높은 곳에 있는 것이 보통이다. 일출봉은 이 모든 조건을 충족하고 있다.

일출봉 사진은 해식애의 응회암 층리가 선명하게 보이는 남쪽 해식애를 찍은 것이 대부분이다. 이 사진은 일출봉의 북쪽 해식애를 찍은 것이다. 햇빛의 반사가 없기 때문에 사진에 해식애의 층리 구조를 선명하게 담을 수 있는 나름의 장점이 있다. 게다가 사람을 스케일 삼아 사진에 담으면, 일출봉의 규모를 가늠해 볼 수 있는 또 다른 장점이 있다. 해식애 하단에는 절벽에서 무너졌지만 아직 바닷물에 씻겨가지 않은 응회암 일부가 보이고, 그 위에 식생이 자라고 있다. 해식애 곳곳에는 염풍화로 만들어진 구멍 타포니도 확인된다.

2005. 9.

134 일출봉 4

사진은 일출봉에서 성산리 일대를 바라본 것이다. 일출봉은 하나의 봉우리로 된 것이 아니다. 일출봉 정상은 오목한 분지 형상을 하고 있는데, 지름은 약 600m이고 바닥과 가장자리와의 고도차는 100m가량 된다. 분화구의 가장자리는 100개가량의 날카로운 봉우리로 둘러싸고 있는데, 어떤 이는 보석 반지에서 보석이 빠져나간 모습에 비유하기도 한다. 일출봉이 있는 성산리의 성산城山 역시, 정상에 있는 봉우리의 형상에서 비롯된 지명으로 판단된다. 일출봉의 고도는 182m밖에 되지 않지만 경사가 아주 급하기 때문에 오르기가 만만치 않다.

일출봉은 두 방향으로 본섬과 연결되어 있다. 하나는 오른편 성산포항 쪽에 있는 갑문다리인데, 인위적으로 만든 것이다. 다른 하나는 사진에서는 왼편이 잘려 있지만 일출봉과 신양리를 잇는 모래톱으로 된 육계사주이다. 육계사주는 그 길이가 무려 1.5km가량 되며, 그 위로 도로가 만들어져 있다. 사진 왼편 사빈에서 보듯이 육계사주를 이루는 물질은 흑색 모래인데, 모래 아래에 있는 신양리층과 마찬가지로 모두 일출봉이 파도에 깎이면서 생겨난 모래로 이루어진 것이다. 멀리 오름들이 여럿 보이는데, 가장 오른편에 있는 것이 지미봉이다.

135 섭지코지

사진에서 만입지 가장 안쪽에 목이 잘록한 부분에 신양해수욕장이 있으며, 이 사주에 연결된 육계도가 섭지코지이다. 오
래 전 제주도를 다녀간 사람들은 섭지코지 한가운데 있는 건물들을 보고 이 사진이 합성된 것이 아닌가 오해를 할 수 있
다. 이들 건물은 보광이 운영하고 있는 '휘닉스아일랜드'라는 리조트 호텔과 콘도들이며, 그 뒤 언덕에도 또 다른 건물이
있다. 그 옆에도 대규모 공사장이 보이는데 현재는 한화에서 아쿠아리움과 공연장을 갖춘 '아쿠아플라넷 제주'를 운영하
고 있다. 이제 섭지코지에 들러 유채꽃을 앞에 두고 일출봉을 배경으로 찍던 사진은 아예 물 건너갔나 보다.

2011. 9.

이병헌과 송혜교가 열연했던 인기 드라마 "올인"의 아우라가 아직도 유효한지, 이곳 섭지코지는 관광객들의 발길로 인산인해를 이루었다. 관광객 모두가 지질학적 지식을 갖출 필요는 없겠지만, 제주도 아름다움의 큰 부분을 차지하는 분석구의 형성 과정이 이곳 섭지코지에 오롯이 남아 있다는 사실은 일반인들에게 늘 알려 주고 싶었다. 등대가 있는 전망대는 파도에 잘린 분석구 위에 세워져 있으며, 그 앞에 있는 선돌바위는 용암이 올라오던 통로였다는 사실을. 이제 특별한 사람들의 놀이터가 된 섭지코지 안을 지나기 싫어, 대수산봉에서 원경으로 섭지코지를 담아 보았다.

136 통오름

1136번 지방도로를 따라 성산읍에서 성읍민속마을로 가다 보면, 도로는 두 개의 오름 사이를 빠져나간다. 왼편 오름이 독자봉(159m)이고 오른편 오름이 사진에 있는 통오름(143m)이다. 전체적으로 오름의 모양이 물건을 담는 통과 비슷하다 하여 통오름이라는 이름이 붙여졌다고 한다. 여러 개의 작은 봉우리들로 이루어진 분화구 가장자리는 서쪽이 트여 있는데, 분화구 안이 평평하고 넓어 농경지가 조성되어 있다. 통오름은 비고가 43m밖에 되지 않아 쉽게 오를 수 있으며, 최근 제주 올레길의 한 구간에 포함되어 찾는 이가 많다. 바로 뒤에 보이는 오름은 유건에오름이다.

2010. 3.

통오름은 다랑쉬오름과는 달리 주둥이가 넓고 비고는 낮다. 하지만 모두 같은 원리로 만들어진 소규모 화산체이다. 마그마가 약한 틈을 따라 지표에 이르면 마그마 속에 포함된 수증기와 휘발성 기체가 먼저 입구에 모여 든다. 그 후, 마구 흔들다 마개를 연 사이다 병처럼 기체와 함께 마그마가 뿜어져 나온다. 방울방울 흩어지면서 솟구친 마그마는 높은 경우 500m 높이까지 올라간다. 이 마그마 방울이 팽창하면서 고화된 것이 바로 스코리아(제주도 말로 송이), 학술 용어로 분석이며, 이것이 원추형으로 쌓인 것이 스코리아콘(분석구)이다.

2008. 9.

137 물영아리오름

제주에서 볼 수 있는 소규모 화산체, 즉 오름의 90% 이상은 스코리아가 쌓인 분석구이다. 분석구의 형태는 각기 다른데, 화구의 크기, 불기둥의 높이, 분출된 마그마의 양, 당시 바람의 방향 등에 의해 결정된다. 수업 시간에 학생들에게 스코리아를 설명할 때면, 팝콘을 예로 든다. 딱딱한 옥수수 알갱이가 갑자기 팽창하는 것이나 압력이 줄어든 마그마 방울이 팽창하면서 고화되는 것이 비슷하기 때문이다. 다만 스코리아는 팝콘처럼 흩어지지 않고 원추형을 이루는데, 이는 완전히 고화되지 않은 뜨거운 스코리아가 서로 엉겨 붙기 때문이다.

분석구가 만들어진 후 화구를 따라 용암이 올라온다. 화구 밖으로 용암이 넘쳐흐르면, 결합력이 약한 스코리아는 용암의 무게를 못 이겨 한쪽 벽이 쉽게 허물어져 말굽형 분석구가 만들어진다. 한편 용암이 화구 입구까지 올라와 굳을 경우 원추형 화산체의 형태는 그대로 유지되지만 고화된 용암의 불투수성 때문에 비가 오면 화구 바닥이 물에 잠긴다. 제주 분석구의 분화구에 물이 고여 있는 경우는 꽤 많다. 특히 물영아리오름에는 다양한 습지 동식물이 서식하고 있어, 2007년 우리나라에서는 5번째, 세계적으로는 1,648번째 람사르협약 습지로 등록되었다.

2005. 9.

138 정방폭포

정방폭포는 우리나라 유일의 해안폭포로, 높이는 23m가량 되며 폭포 아래에는 깊이 5m가량의 폭호가 발달해 있다. 폭포가 형성되려면, 단층과 같은 구조운동에 의해서이든 절리와 같은 암석적 특성에 의해서이든, 절벽이 우선 만들어져야 한다. 정방폭포의 절벽은 조면암에 발달한 주상절리에서 비롯된 것이다. 액체 상태의 용암이 고체인 암석으로 굳으면서 부피가 줄어드는데, 이때 지표에 수직방향으로 발달한 기둥모양의 짜개짐이 바로 주상절리이다. 파도의 침식을 받은 암석은 절리의 결대로 떨어져 나와 현재와 같은 수직 절벽이 만들어졌다.

또한 폭포에는 물이 흘러야 한다. 제주도의 암석에 구멍이 숭숭 뚫려 있어 제주도 암석 모두가 물을 잘 투수하는 것으로 오해할 수 있다. 하지만 서귀포 지역에는 수성응회암과 서귀포층과 같은 불투수층이 넓게 나타난다. 절리를 따라 용암류 사이로 스며든 지하수는 불투수층을 만나면 더 이상 스며들지 못하고 불투수층과의 경계부를 따라 빠져나오는데, 바로 이 용천수가 서귀포에 있는 폭포들의 수원이다. 정방폭포가 주상절리라는 암석적 특성과 파랑의 침식에 의해 만들어졌음을 보여 주려고, 바다와 폭포 뒤의 절벽까지 사진에 담았다.

139 서귀포항

서귀포항은 제주 서귀포시에 있는 항구로, 어항, 화물 하역항, 대피항, 관광항 등 다양한 기능을 수행하고 있다. 항구 주변
의 해안절벽과 문섬, 새섬 등이 어우러져 우리나라에서 보기 드문 미항이다. 1920년대 초반까지 단순한 어항에 불과했으
나, 1925년 육지와 바로 앞 새섬을 연결하는 방파제를 건설하고부터 본격으로 개발되기 시작했다. 사진 오른편에 기다랗
게 늘어서서 마치 다리처럼 보이는 콘크리트 구조물이 서귀포항 동쪽을 막고 있는 방파제이다. 그 길이는 500m가량 되
고, 최대 5,000톤급 화물선 14척이 동시에 접안해 화물을 하역할 수 있다. 사진은 서귀포항 가장 안쪽에 있는 어항이며,
맞은편 건물은 수산물유통센터 건물이다.

2010. 3.

한편 서귀포항의 서쪽은 새섬까지 연결된 방파제와 새섬이 막고 있었다. 최근 항 내 정온을 유지하기 위해 새섬에서 외해로 150m 길이의 방파제가 새로이 건설되었지만, 그 결과 깊숙이 막힌 항구 내 물 순환이 제대로 이루어지지 않아 이를 해결하기 위해 육지와 새섬 사이의 방파제 30m를 절단하였다. 방파제의 절단으로 육지와 새섬이 분리되어, 방파제 대신에 도보로 육지에서 새섬으로 건너갈 수 있는 새연교가 새로이 개설되었다. 새섬에는 초가지붕을 이을 때 쓰는 새억새가 많다고 '새섬'이라 불렀다고 하나, 공식 지명은 조도이다. 새섬에는 최근 산책길이 만들어지고 올레길의 한 구간에 포함되면서 관광객의 발길이 잦다. 멀리 보이는 섬은 문섬이다.

140 하논

하논은 마르형 응회환의 화구 바닥을 가리키는데, 평탄하고 용천수가 나와 논으로 이용되고 있다. 마르란 화구의 규모에 비해 화구륜, 다시 말해 분화구 외륜산의 높이가 낮은 화산을 말하며, 수성화산에 의한 폭발성 분화로 만들어졌다. 바닥과 화구륜의 고도차는 최대 90m가량 되며, 초기 수성 환경에서 점차 육성 환경으로 바뀜에 따라 화구 안에 작은 분석구가 나중에 생긴 이중화산의 구조를 하고 있다. 사진 중앙에 있는 낮은 봉우리가 분화구 내부에 있는 보름이오름이다. 철탑이 있는 봉우리는 삼매봉(154m)으로, 또 다른 분석구이다.

2011. 10.

하논이란 한 논, 다시 말해 큰 논이라는 뜻이지만, 육지에서는 이 정도의 규모에 큰 논이라는 이름을 붙이지 않는다. 어쩌면 제주에서 벼농사가 가능한 곳이 흔치 않아 이런 이름이 붙은 것으로 생각된다. 하논은 원래 평균 수심 5m 내외의 화구호였을 것으로 추정되며, 퇴적층의 두께는 15m가량 된다. 외륜산의 고도가 가장 낮은 동쪽을 파괴해 배수한 후 평평한 호수 바닥을 농경지로 이용했는데, 자료에 의하면 16세기 전부터 논농사가 이루어졌다고 한다. 하논 바닥에는 모두 3곳에서 지하수가 용출되는데, 이 물은 천지연폭포로 흘러간다.

141 썩은섬

사진 오른쪽에 있는 썩은섬은 머리통보다 더 큰 바위들로 해변과 연결된 작은 섬이다. 만조 때는 물이 들어와 해변에서 분리되지만, 간조 때는 해변과 연결되어 걸어서 갈 수 있다. 주민들은 이 섬을 썩은섬이라 부르지만, 지도에는 한자로 차음하여 서건도로 표기되어 있다. 제주판 모세의 기적이라며 인테넷 등에서 많이 소개되고 있고, 해안을 따라 나 있는 길이 올레길 7구간에 속해 많은 올레꾼들이 찾고 있다. 섬 안에는 나무로 된 산책로가 조성되어 있고, 범섬과 한라산이 보이는 전망대가 각각 마련되어 있다.

2011. 10.

멀리 보이는 섬이 범섬인데, 섬 가장자리는 주상절리의 영향으로 급경사의 직벽이고, 섬 가운데 평평한 곳에서는 한때 가축을 방목하고 고구마 등을 재배했다고 한다. 썩은섬 옆으로는 강정천과 악근천이 바다로 흘러든다. 평상시 바닥을 드러내는 제주도의 다른 하천과는 달리 사시사철 맑은 물이 흐르고, 주변 숲과 함께 유원지가 조성되어 있다. 특히 강정천 물은 서귀포의 식수로 사용되고 있으며, 물이 맑아 은어와 원앙이 서식하고 있을 정도이다. 하지만 한때 이 일대는 해군기지 건설이라는 불쏘시개로 점화된, 좌우 갈등의 활화산 한가운데 있었다. 지금은 해군기지 건설이 완료된 상태이다.

2008. 9.

142 지삿개

주상절리는 여러 곳에서 나타나지만, 주상절리로 가장 대표적인 곳이 바로 이곳 지삿개이다. 지면에서는 사각형, 오각형, 육각형, 심지어 칠각형으로 갈라져 있다. 하지만 수직으로는 이 형태를 유지하면서 기다란 막대가 촘촘히 서 있는 형국이라, 그 모양이 기둥 같다고 기둥 주柱 자를 써서 주상절리라 한다. 사진에서 보듯이 바닷물과 접하는 곳의 주상절리는 뚜렷한 반면 위로 갈수록 형태가 희미해진다. 주상절리는 용암이 갑자기 식으면서 만들어지기 때문에, 아아 용암의 클링커가 위를 덮고 있는 상부는 천천히 식어 그 발달이 미약하다.

지삿개의 전체 규모와 개별 기둥의 크기를 가늠하기 위해서는 스케일이 필요하지만, 그러자고 바위 위에 사람이 서 있기는 위험하다. 마침 요트가 지삿개에 접근했기에 급하게 사진을 찍었다. 멀리 완만하게 기운 지층이 바다와 만나는 곳에 수직 단애가 발달해 있다. 완만하게 기운 지층은 용암이며, 여기에도 예외 없이 주상절리가 발달해 있다. 흰 건물이 하얏트리젠시호텔인데, 바로 옆 해식애 앞에 조근모살이 있으며, 뒤에 우뚝 솟아 있는 산이 군산(335m)이다. 돔 모양의 산이 산방산(395m)이고, 사진 왼편에 아스라이 보이는 것이 송악산이다.

2003. 7.

143 천제연폭포

사진에서 계곡 최상류 위에 걸쳐져 있는 다리가 천제교이고, 그 바로 아래에 있는 폭포가 천제연 제1폭포이다. 천제연 제1폭포의 높이는 22m가량 되며, 그 아래에 있는 깊이 20m의 폭호가 천제연이라는 소이다. 천제연폭포의 천제연은 이 폭호 이름에서 연유한 것이다. 천제연 제1폭포 절벽에서는 전형적인 형태의 주상절리를 확인할 수 있다. 제2폭포는 제1폭포 바로 아래 있으나 사진에서는 나무에 가려 보이지 않는다. 사진은 계곡을 가로지르는 선임교 가운데에서 상류를 보면서 촬영한 것으로, 제3폭포는 등 뒤 하류에 있어 보이지 않는다.

계곡과 폭포 주변 절벽 곳곳에 작은 동굴이 있고, 거기서 제법 많은 물이 새어 나온다. 이 물 역시 정방폭포와 마찬가지로 불투수층과 용암층의 경계부에서 흘러나오는 용천수이다. 따라서 하단으로 갈수록 폭포에서 떨어지는 물의 양은 증가한다. 하지만 지하수로 함양되는 물이 많지 않아 비가 많이 오면 폭포의 물은 급격히 불어나지만, 반대로 가뭄철에는 폭포에 물이 마른다. 계곡 양안 울창한 난대림지대에는 송엽란과 담팔수 등의 희귀 식물과 여러 가지 상록수, 덩굴 식물, 관목류가 자라고 있어, 이곳을 천연기념물 제378호로 지정하였다.

2003. 1.

144 조근모살

'모살'이란 '모래'를 뜻하는 제주 방언이고, '조근' 역시 '작은'을 뜻하는 제주 방언이다. 따라서 '조근모살'이란 작은 모래 해안을 말한다. 그렇다면 '큰' 혹은 '긴' 모래 해안은 어디일까?

사진에서 하얀 건물이 중문에 있는 하얏트리젠시 호텔이고, 호텔 정원 앞 절벽에는 바다로 직접 떨어지는 폭포가 하나 있다. 개다리폭포라 하는 높이 15m 정도의 폭포인데, 비가 온 후에야 폭포의 면모를 볼 수 있다. 사진에서는 물이 말라서 가는 물줄기만 희미하게 보인다. 이 폭포를 기준으로 동쪽을 긴모살(중문해수욕장), 서쪽을 조근모살이라고 한단다.

사진에서 주상절리 아래 보이는 작은 모래 해변이 바로 조근모살이라는 해수욕장이다. 처음 이곳을 찾았을 때, 길이가 200m가량 되는 작고 앙증맞은 해변이라는 점과 일부러 찾지 않으면 볼 수 없는 숨겨진 해변이라는 점이 인상적이었으나, 이제 조근모살은 제주를 찾는 관광객들에게는 상식이 되어 버렸다. 조근모살의 또 다른 특징은 해변 뒤로 웅장하게 펼쳐져 있는 절벽과 그것에 아로 새겨져 있는 주상절리이다. 바닷물과 맞닿는 아랫부분은 빨리 식어 주상절리가 곧고 치밀하지만, 위로 갈수록 천천히 식어 희미해지고 물리적 성질이 다르면 휘어지기도 한다.

145 박수기정

제주를 자주 찾다보면 여러 사람을 만나는데, 사진에 관심
이 많으신 지리교사 한 분을 소개 받은 적이 있다. 이제 그
분 성함도 잊어버렸지만, 자신이 생각하는 제주 비경이라
면서 몇 군데를 함께 다니기도 했다. 그중 한 곳이 대평리
포구에서 바라다보이는 주상절리가 잘 발달한 해안절벽,
바로 사진 속의 박수기정이었다. 요즘 이곳은 올레길 제9
구간에 포함되어 많은 사람들에게 알려졌지만, 그분과 함
께 이곳을 찾았을 때는 올레길이 세상에 알려지기 훨씬 전
이었다. 여러 곳을 함께 다녔지만, 박수기정 이외에 기억나
는 곳은 성읍민속마을 뒤 영주산(326m)이다.
제주는 해안을 따라 절경이 펼쳐져 있지만, 주민들 역시 해
안을 따라 생업을 하고 있기 때문에 인적이 없는 해안을 보
기가 쉽지 않다. 하지만 이곳은 130m 높이의 깎아지른 절
벽이 있고, 그 아래가 자갈 해안이라 인위적인 시설물을 찾
아볼 수 없다. 절벽 위에 서면 동쪽으로 대평리가, 서쪽으
로는 화순해수욕장과 산방산이 보인다. 박수기정이란 박수
와 기정의 합성어로, 바가지로 마실 샘물박수이 솟는 절벽
기정이라는 뜻이다. 사진에서도 확인되지만, 샘물은 주상
절리가 발달한 용암층 밑에 있는 응회암층이 불투수층으로
작용한 결과이다.

2005. 9.

260

261

146 용머리

수성화산의 분화 모습을 상상하기란 쉽지 않다. 이론적으로는 얕은 바다에서 바닷물과 만난 용암이 급속도로 팽창해서 아주 미세한 모래로 바뀌고 그것이 먼지폭풍을 일으키면서 사방으로 흩어지는데, 화구를 중심으로 멀리 도넛 모양으로 쌓인 것을 응회환, 화구 주변에 산처럼 쌓인 것을 응회구라 한다. 종종 이런 비유를 들고는 한다. 9.11 테러 때, 세계무역 센터 건물이 무너지면서 엄청난 먼지폭풍이 골목으로 쏟아져 나오던 광경을 우리는 기억한다. 화쇄류라 하는 먼지폭풍은 이보다 규모가 크면서 뜨겁지만 축축하다고 상상하면 어떨까?

2003. 1.

용머리는 응회환이 파도에 침식을 받고 남은 일부에 해당한다. 폭발 당시 지반이 불안정해서 화구가 이동하는 바람에, 모두 세 차례 자리를 바꾸어가며 폭발했다고 한다. 그 때문에 용머리 응회환에는 폭발 중심이 서로 다른 3개의 퇴적층이 쌓여 있다. 응회환으로 판정되는 퇴적상은 수월봉, 당산봉, 송악산 등지에서 확인된다. 용머리 해안가 중 이쯤에서 사진을 찍으면 주상절리의 산방산과 수평절리의 용머리가 뚜렷이 구분되고, 고화되지 않은 수평층에서 일어난 소규모 단층 때문에 지층이 기울어진 모습까지 한꺼번에 담을 수 있다. 물론 저 멀리 한라산까지도.

147 산방산

360여 개 오름이 있지만, 그 규모나 형태로 보아 독특한 것 2개를 고르라면 산방산과 성산일출봉일 것이다. 이 둘은 정확하게 대척점에 있는 것은 아니지만 서쪽과 동쪽 끝에 있으며, 만들어진 방식이 분석구와는 전혀 다르다. 제주도 형성사에서 초기에 해당하는 70~120만 년 전에 점성이 강한 조면암질 마그마가 현재 서귀포에서 안덕해안(산방산이 있는 곳)을 따라 집중적으로 분출하였다. 이 마그마는 점성이 높아 분화구에서 천천히 밀려나오면서 식어 분화구 주변에 반구형의 화산체를 만들었는데, 이를 용암원정구 혹은 종상화산이라고 한다.

이때 형성된 용암원정구 중에서 육지에 있는 것이 산방산이며, 나머지 범섬, 문섬, 섶섬 등은 모두 바다에 떠 있다. 또한 시기는 다르지만 한라산 정상의 남서쪽 암봉이 용암원정구에 해당되며, 주상절리가 발달한 한라산 남벽은 그 단면이다. 산방산은 우선 그 높이가 395m나 되고, 제주에서 가장 평탄한 사계리 한가운데 우뚝 솟아 있어 멀리에서도 확연하게 눈에 띈다. 이 사진은 유람선에서 촬영한 것으로, 수직절리의 산방산과 그 아래에 있는 수평절리의 용머리가 대조를 이룬다. 용머리를 바다에서 보면 전방을 주시하고 있는 거북처럼 보인다.

2003. 7.

148 안덕계곡

중문에서 12번 국도를 따라 서쪽 안덕면 소재지 방향으로 가다 보면 남쪽으로 41번 지방도로와의 갈림길이 나오는데,
바로 그 옆을 흐르는 하천이 장고천이며 이 계곡을 안덕계곡이라 한다. 갈림길에서 남쪽으로 가면 장고천을 가로지르는
안덕교가 나타나며, 그 위에서 안덕계곡의 전체적인 형상을 조망할 수 있다. 안덕계곡은 조면암으로 된 수직절벽이 계곡
양안을 이루고 있으며, 바닥 역시 평평한 암반으로 깔려 있어 홈통 모양을 하고 있다. 따라서 주위를 감싸고 있는 상록활
엽수만 없다면 인위적으로 만든 배수로를 연상케 한다.

사진에서처럼 계곡 안에만 상록활엽수가 있는 것이 아니라 계곡의 양쪽 언덕에도 상록활엽수림이 발달해 있다. 후박나
무, 조록나무, 가시나무, 구실잣밤나무, 붉가시나무, 참식나무 등 난대성 식물들로 이루어진 이곳 상록수림지대는 학술
적 가치를 인정받아 천연기념물 제377호로 지정되었다. 장고천은 그 남쪽에 있는 군산(335m)이라는 측화산에서 발원한
하천이며, 군산은 정상 부근까지 차로 올라갈 수 있는 몇 안 되는 측화산 중 하나이다. 그곳에서 조망되는 산방산, 용머
리, 송학산, 가파도, 마라도 등 제주 서남부의 경관은 또 다른 장관이다.

149 단산에서 본 한라산

흐린 날 큰 기대 없이 단산에 올랐고, 바로 눈앞에 산방산이 있어 사진을 찍어 보았다. 열심히 제주를 누빈 데 대한 보답이라도 받는 양, 구름 위에 얹힌 한라산마저 사진에 담을 수 있었다. 제주도에서 가장 평탄한 사계리를 배경으로 산방산이 우뚝 솟아 있다. 산방산에 가려져 일부만 보이는 산이 군산이며, 산방산 오른쪽 자락에 연이어 있는 낮은 구릉이 용머리이다. 등 뒤로는 정상에 군사기지가 있는 모슬봉이 있는데, 납작한 방패 모양이 마치 한라산의 축소판처럼 보인다. 맑은 날이면 단산 정상에서 남쪽으로 송악산, 가파도, 마라도를 볼 수 있다.

내가 학생 때 배운 한라산 형성 과정은, 기저현무암-서귀포층-용암대지-한라산 순상화산체-기생화산의 순서였다. 한

2010. 3.

라산 화산체의 분화가 끝나면서 화도가 막히고 그 결과 약한 곳에 새로이 만들어진 화도를 따라 소규모의 화산폭발이 일
어났는데, 그 결과 360여 개의 기생화산이 만들어졌다는 것이다. 하지만 한라산 형성에 관한 이야기는 최근 들어 획기적
으로 바뀌었다. 응회암으로 된 용머리, 단산, 군산이 먼저이고, 산방산이 그 다음이며, 한라산이 맨 나중이라는 것이 요
즘 설명이다. 제주의 형성 과정에 대한 설명이 달라진 데 크게 기여한 학자 중의 한 명이 경상대학교 지구환경학과 손영
관 교수이다. 단산에는 수성화산의 분화에 의한 응회환과 응회구의 퇴적층이 동시에 나타난다.

2003. 9.

150 서광다원

제주는 경남 하동, 전남 보성과 더불어 대표적인 녹차 재배지이다. 제주에는 제주도민이 영농법인 형태로 운영하는 소규모 녹차밭도 있지만, 대기업이 제주 녹차밭 대부분을 운영하고 있다는 점에서 하동이나 보성과는 다르다. 그 주인공인 아모레퍼시픽은 1983년 서귀포시 도순동에 도순다원을 시작으로, 안덕면 서광리에 서광다원, 남원읍 한남리에 한남다원 등 모두 3곳에서 대규모 녹차 재배지를 운영하고 있다. 아모레퍼시픽의 전신인 태평양은 현재 키움 히어로즈의 전신인 태평양 돌핀스를 운영했던 바로 그 회사이다.

이곳 서광다원은 면적이 661,600㎡에 이르는 국내 최대 규모이자 최대 차 생산지이다. 연평균 기온 15℃, 연강수량 1,800mm에 일조량이 적어서 차를 재배하기에 최적의 조건을 갖추고 있다. 서광다원에는 우리나라 최초의 차 전문 박물관인 오설록티뮤지엄(녹차박물관)이 자리 잡고 있다. 최근 많은 관광객들이 이곳 녹차박물관을 찾고 있으며, 박물관 안에 있는 전망대에서는 한라산과 서광다원의 광활한 전경을 내려다볼 수 있다. 녹차밭 군데군데 서 있는 기둥에 바람개비가 달려 있는데, 이는 겨울철 기온역전을 해소해서 냉해를 막기 위함이다.

151 송악산에서 본 한라산

제주 오름은 대략 5가지 유형인데, 수성화산 분화에 의한 응회환과 응회구, 육상화산에서 비롯된 분석구, 용암원정구, 피트분화구가 그것이다. 90% 이상이 분석구이며, 응회환은 여럿이 있지만 나머지는 한두 개에 그친다. 송악산은 응회환 위에 분석구가 얹혀 있는 형상이다. 초기 수성화산 분화로 화구를 중심으로 화산재가 쌓여 도넛 모양의 응회환이 만들어지고, 분화가 계속되면서 화구 부근이 점점 퇴적되어 육상 환경으로 바뀌게 된다. 계속된 화산폭발로 응회환 내부에 분석구가 형성되면서 이중 구조의 화산이 만들어진다. 송악산의 이중 구조 단면은 마라도행 유람선에서 확연히 볼 수 있다.

2003. 1.

밖에서 보면 송악산은 다른 분석구와 별반 다르지 않다. 하지만 정상에 오르면 분화구의 규모와 생김새에 압도당한다. 송악산 응회암층의 연대는 약 7,000년이라 한다. 분석구의 형성은 그 이후이니, 제주에서 가장 젊은 화산체가 바로 송악산인 것이다. 분화구는 식생이 자랄 수 없을 정도로 급경사이며, 산화되지 않은 스코리아는 아직도 검은색을 띠고, 지금이라도 불을 뿜을 것 같은 기세이다. 송악산 정상에서는 평지에 우뚝 솟은 산방산이 보이며, 사진을 찍은 계절이 겨울이라 저 멀리 눈을 이고 있는 한라산이 보인다. 사진 오른편에 마라도에서 오는 유람선이 형제섬과 송악산 사이를 지나고 있다.

152 알뜨르비행장

인터넷을 뒤지면 알뜨르비행장을 찍은 사진은 수없이 많다. 이 사진을 찍으면서 전략을 몇 가지 세웠다. 첫째 근처에 있는 모슬봉을 담고, 둘째 가능한 한 비행기 격납고를 많이 담고, 마지막으로 격납고의 입구를 가급적 자세히 드러내는 것이었다. 격납고를 많이 담고 그 분포와 주변과의 관계를 고려하자니 근처에 높은 곳이 없고, 격납고 하나만이라도 제대로 찍자니 격납고가 드문드문 떨어져 있어 전체적인 구조를 담을 수 없고. 알뜨르비행장은 수평 분포와 수직 입체감을 동시에 만족시켜야 하는 지오포토그라퍼에게 흔히 닥치는, 진퇴양난의 현장 바로 그곳이었다.

2010. 3.

이 비행장은 일제가 1920년대부터 짓기 시작해 1930년대 완공되었다. 당시 비행기의 짧은 항속거리 때문에 중국 본토를
공습하기 위한 전진기지로 이곳에 비행장을 만든 것이다. 실제로 1937년 중일전쟁이 발발하자, 이곳에서 발진한 비행기
들이 중국 난징南京을 폭격하기도 했다. 영화 "상하이"의 마지막 폭격 장면에 나오는 일본군 비행기는, 어쩌면 이곳 알뜨
르비행장에서 출격한 것일지 모르겠다. 일본군은 제2차 세계대전 말기 수세에 몰리자, 본토를 수호하기 위한 방어선의
일환으로 이곳 비행장 주변 셋알오름과 단산 등지에 동굴진지를 구축하였다.

2010. 3.

153 가파도에서 본 송악산과 산방산

모슬포에서 남쪽으로 5.5km 뱃길을 가면 가파도가 나오고 다시 남쪽으로 마라도가 나온다. 옛날 두 섬 주민의 인심이 하도 좋아 어부들이 술을 먹고 술값을 갚아도 그만, 말아도 그만이었는데, 그 때문에 가파도와 마라도가 됐다는 우스개 이야기를 들은 바 있다. 겨울철 마라도와 가파도 사이의 거친 바다에서는 대방어라 불리는 1m 이상 되는 방어가 많이 잡힌다. 우리나라 사람들은 쫄깃쫄깃한 식감으로 회를 먹기 때문에 광어와 같은 흰 살 생선을 좋아하지만, 개인적으로는 약간 비리지만 기름진 방어와 같은 등푸른 생선을 좋아한다.

송악산의 퇴적상은 수성화산과 육성화산의 원리를 동시에 이해할 수 있는 좋은 교육 현장이다. 하지만 퇴적 단면이 외해로 열려 있어 일반인은 마라도행 유람선에서 보는 것이 전부이며, 사진도 배 안에서 찍을 수밖에 없다. 가파도에 올레길을 만들었다기에 궁금해서 가파도행 배를 탔다. 제주도는 자주 내왕했지만, 가파도는 무려 30년 만이다. 이 사진은 가파도의 북쪽 해안에서 송악산을 촬영한 것이다. 가장자리에 응회환의 퇴적상이 보이고, 그 사이에 주상절리를 하고 있는 용암, 그 위에 붉은색 스코리아, 한가운데 송악산 분석구가 보인다.

The kicle-shaped rocks sticking out from the ceiling are stalactites. Stalactites are formed from lime that seeped through the rocks and solidified before it could fall to the ground. Stalactites are very rarely found in lava caves like this. Stalagmites are also formed from the lime that seeped through the rocks but which solidified after falling to the ground. According to studies, they only grow 1 centimeter per one hundred years.

钟乳石和石笋

跟岩浆洞顶的隙隙里石灰水浸入, 洞内生长者在熔岩洞里所不能形成的钟乳石。在钟乳石不能坚硬的石灰水、落下到洞窿的底下面碰化后形成石笋。根据学者研究, 石笋100年之间只可以生长1厘米。

종유석과 석순

천장틈 사이로 석회수가 스며들면서 용암동굴에서는 형성될 수 없는 가느다란 종유석이 자라고 있습니다.

종유석에서 굳지 못한 석회수가 바닥으로, 떨어지면서 조금씩 굳어져 석순이 만들어지는데, 학자들의 연구에 의하면 100년에 1cm정도 자란다고 합니다.

鐘乳石と石筍

天井の隙間から石灰水が浸込みながら, 熔岩洞窟では普通形成されることのでき ない細い鐘乳石が作っています。

石灰水が地面に落ちますと, 少しずつ固まってて石筍が形成されますが, 学者の研究によりますと, 100年に1cm程伸びることです。

2003. 7.

154 협재굴

동굴 사진은 대개 조명 놀음인데, 부족한 빛을 극복하고 깨끗한 사진을 얻으려면 삼각대가 필수적이다. 이곳 협재굴은 이웃한 쌍용굴과 같은 시기에 같은 현무암으로부터 만들어진 용암동굴이다. 길이는 약 100m이고 끝은 원래 막혀 있었으나 인위적으로 뚫어 놓았다. 높이는 5m이고 폭은 10m가량 된다. 협재굴과 같은 용암동굴은 점성이 낮은 파호이호이 용암에서 만들어진다. 이 용암은 점성이 낮고 높은 온도를 유지하기 때문에, 공기와 맞닿는 표면이 얇게 굳어도 그 내부로는 용암이 계속 흐를 수 있다. 용암의 공급이 줄어들거나 용암의 흐름을 막고 있던 장애물이 제거되면 흐르던 용암의 높이가 낮아져 동굴이 만들어진다.

제주 용암동굴의 특이한 점은 석회동굴에서 볼 수 있는 종유석과 석순이 동굴 내부에서 자라고 있다는 점이다. 인근에 있는 협재해수욕장과 금능해수욕장에서 겨울철 북서풍을 타고 날려 온 모래들이 육지 쪽으로 무려 6km나 뻗어 있고, 협재굴과 쌍용굴 위에도 이 모래가 덮여 있다. 이 모래는 석영이 아니라, 90% 이상이 조개나 홍조류 껍질로 이루어져 있다. 결국 빗물과 함께 지하수에 녹은 탄산칼슘 등의 석회질이 용암동굴로 스며들면서, 용암동굴의 천장에는 종유석이, 그 바닥에는 석순이 생성된 것이다. 협재굴은 석순이나 종유석의 발달이 미약한 편이다. 협재굴은 아열대수목원으로 유명한 한림공원 안에 있다.

155 금능해수욕장

금능해수욕장은 이웃한 협재해수욕장과 함께 제주 최대의 해수욕장을 이루고 있다. 길게 이어진 흰 모래사장과 수심이 얕은 바다가 어우러져 어린이를 동반한 가족 단위 피서객들에게 각광받고 있다. 해수욕장 군데군데 노출된 검은색의 용암은 표면이 매끄러운 것으로 보아 점성이 약한 파호이호이 용암으로 판단된다. 검은색 용암과 흰 모래 그리고 에메랄드 빛 바다의 조화는 금능해수욕장에서만 볼 수 있는 또 다른 장관이다. 사진을 찍고 있는 지점은 해안에 모래가 쌓인 사구 위인데, 바람에 불려 간 모래는 내륙으로 수 km까지 이어진다.

2003. 8.

금능해수욕장 뒤에는 한림공원이라는 아열대식물원이 조성되어 있다. 식물원이 조성되기 전 이곳은 해안사구로 된 모래땅이었으며, 모래 대부분은 석회질의 조개껍질이었다. 식물원 안에는 협재굴, 쌍용굴과 같은 용암동굴이 있는데, 이곳역시 지하수와 함께 동굴 내부로 스며든 탄산칼슘이 종유석, 석순과 같은 석회질 침전물을 만들어 놓았다. 한편 금능해수욕장 앞에는 비양도라는 섬이 있다. 1002년에 화산 폭발의 역사 기록이 있어 2002년 비양도 탄생 천 년을 기념하는 축제가 열리기도 했으나, 실제로 섬이 생긴 것은 그보다 훨씬 이전의 일이다.

156 금악에서 본 한라산

360여 개 오름 중에서 그 당당함을 기준으로 2개를 고르라면, 동쪽의 월랑봉(다랑쉬오름)과 서쪽의 금악이 될 것이다. 물론 내 기준이지만. 둘 다 정상 부근이 약간 비대칭이지만 원추형을 유지하고 있고, 정상에는 분화구가 있다. 또한 주변 다른 오름들로부터 약간 비켜서 도도한 척 하면서 상대적으로 고도가 높다는 것이 나름의 이유이다. 금악에서 한라산 쪽을 바라보면 중산간 지대에 오름들이 있으나, 평지에는 오름이 거의 없다. 평지는 농경지, 목장, 돼지 농장 등으로 이용된다. 사진 오른쪽, 한쪽이 트여 있는 오름이 정물오름이며 그 주변이 이시돌목장이다.

2003. 9.

푸른색 건물들은 대부분 돼지 농장인데, 수만 두를 기업적으로 사육하는 곳도 있지만 대부분 개인이 한두 건물에서 2,000두 정도를 사육하고 있다. 그중 하나가 중학교 동창이 운영하는 곳이라 구경한 적이 있다. 교배에서 판매까지 혼자서 운영할 수 있을 정도로, 기계화, 체계화되어 있었다. 거지질 3년이나, 선생질 3년이면 게을러져 아무 짓도 못하는 줄 모르고, 정년 후 나더러 해 볼 생각이 없냐고 물었다. 물론 손사래를 쳤다. 이곳에서 돼지 2,000두를 키우고 있는 그 친구는, 한때 스리랑카에서 직원 2,000명을 둔 가방 공장 사장이었다.

<u>157</u> 금악 분화구

요즘 제주는 올레길이 대세라 몇몇 구간에 도전한 적이 있지만, 완주한 적은 한 번도 없다. 포장된 길에 이내 싫증을 내기 때문이다. 내가 알기로 올레길은 마을 안에 난 길이다. 요즘 마을 길 치고 시멘트나 아스콘으로 포장되지 않은 길은 거의 없다. 더군다나 제주는 대부분의 밭이 돌담으로 둘러싸여 있어, 올레길로 마을과 마을을 잇자면 신작로로 나갈 수밖에 없다. 설계자도 고민을 했을 것이다. 구간마다 오름이 한두 개 포함된 덕분에 흙길을 걸을 수 있지만, 해안을 따라 마을 마을을 잇는 올레길에서 포장된 도로는 아쉽지만 어쩔 수 없는 모양이다.

2011. 9.

올레길과 달리 오름길은 흙길이다. 더군다나 오름에 오르면 제주가 보인다. 높으면 높을수록 더 많이 보인다. 운이 좋다면 제주의 10분의 1도 볼 수 있고, 5분의 1도 볼 수 있다. 금악의 해발고도는 428m이지만 비고는 178m밖에 되지 않아 금방 오를 수 있다. 1.2km나 되는 분화구 주변을 걷다 보면 제주의 아름다움과 제주의 삶을 속속들이 볼 수 있다. 한라산도, 비양도도, 금악마을도, 돼지 농장도, 블랙스톤골프장도 보인다. 비가 오면 분화구에 물이 고이지만 금세 빠져 버린다. 금악 정상에 중계소가 있어 자동차로도 쉽게 오를 수 있다.

2011. 9.

158 차귀도

개인적인 연구나 조사 이외에도 학부생과 대학원생들의 교육적인 답사를 위해 제주를 찾는 경우도 많아, 1년에 2~3차 례는 어김없이 제주행 비행기를 탔었다. 용머리 해안과 함께 응회환의 퇴적 구조를 가장 잘 볼 수 있는 곳이 바로 차귀도 맞은편 해안인 수월봉 절벽이다. 특히 수월봉 퇴적층에는 커다란 탄낭이 군데군데 박혀 있는 것을 볼 수 있어 학생들을 데리고 올 때면 꼭 이곳을 들른다. 하지만 이곳을 들를 때면 늘 시간이 없어 수월봉 주변만 보고는 바로 다른 장소로 이동 한다. 이번에는 차귀도를 조금이나마 가깝게 볼 요량으로 당산봉에 올랐다.

사진에서 볼 수 있듯이 차귀도는 여러 섬들로 이루어져 있으며, 경사진 퇴적층으로 보아 응회환의 일부로 판단된다. 화 산퇴적학적 연구 결과에 의하면, 차귀도는 고산항, 수월봉으로 연결되는 응회환 외륜의 일부였으며, 파랑의 오랜 침식 결과 그 일부가 섬으로 남은 것이라 한다. 사진을 찍고 있는 당산봉(148m) 역시 수성화산의 분화로 만들어진 오름이며, 분화 후 점차 퇴적되는 과정에서 육화되어 당산봉 가운데 작은 분석구가 있는 이중화산의 구조를 보여 준다. 올레길에서 벗어나 해안 절벽 위로 난 길의 막다른 곳에 이르면, 사방이 탁 트인 곳이 나타난다.

2010. 3.

159 제주 골프장

90대 스코어를 어떻게 치냐며 보란 듯이 드라이브를 빵빵 쳐대던 적도 있었지만, 한동안 골프채를 잡지 않았다. 50이 넘어서도 회원권이 없다면, 골프가 아무리 재미있어도 포기해야 한다는 것이 지론이었다. 회원권 대신 주민등록증만 있으면 언제 어디서든 할 수 있는 등산을 선택했는데, 그 결과가 바로 『앵글 속 지리학』이 되었으니 골프를 포기했던 것이 잘못된 선택만은 아닌 것 같다. 새별오름 위에서 촬영한 사진이니, 사진 속 골프장은 아마 애버리스골프리조트인 것 같다. 드문드문 보이는 작은 건물은 외지 골퍼들을 위한 골프텔이다. 현재 제주에는 29곳의 골프장이 운영 중이다.

최근 건설되었거나 되고 있는 제주 골프장 대부분은 중산간 지대의 곶자왈에 위치해 있다. 이곳은 점성이 큰 아아 용암이 천천히 흐르면서 빵의 껍질처럼 단단하게 굳은 상부층과 액체 상태의 하부층이 뒤섞이며 형성된 클링커가 지표를 덮고 있다. 그 때문에 물이 잘 스며들어 제주의 지하수원으로 중요한 역할을 한다. 또한 크고 작은 바위로 덮여 개발이 불가능해 자연 식생 그대로이다. 그 때문에 곶자왈의 땅값은 낮을 수밖에 없지만, 토목 기술의 발달로 개발이 불가능한 곳이란 있을 수 없다. 해서 골프장 승인 때마다 개발업자와 환경운동가의 격전이 불가피하다.

전남

<u>160</u> 구례선상지 1

우리나라에서 선상지로 소개되는 곳은 여럿이 있다. 그중 가장 대표적인 곳이 사천시 용현면에 있는 사천선상지이다. 사천선상지 사진은 지리학 관련 서적 곳곳에 소개되지만, 사진에 대한 설명이 없다면 어느 누구도 선상지로 인식하기 힘들다. 20년간 사천선상지에서 가장 가까운 진주 경상대학교에서 근무했고, 수도 없이 선상지 사진을 위해 도전했지만 번번이 허탕이었다. 사천선상지의 경우 선상지 맞은편이 바다라 조망점이 없다. 그리고 선상지 배후산지에는 선상지가 제대로 보이는 조망점이 드물고, 서향이라 대부분의 시간이 역광이다. 그런 저런 이유로 사천선상지 사진에 대한 도전은 더 이상 무모하다고 판단해 포기하고 말았다.

2002. 5.

하지만 구례선상지는 다르다. 구례읍 서쪽에는 166m 고도의 나지막한 봉성산이 있으며, 그 정상에는 팔각정 전망대가 설치되어 있다. 이곳에서 동쪽을 바라보면, 노고단, 그 아래 화엄사 계곡 그리고 구례선상지가 펼쳐져 있다. 선상지의 원래 면은 화엄사 계곡에서 내려오는 마산천에 의해 개석되어 왼편 절반만 남아 있는데, 사진 왼편에서 가장자리가 식생으로 둘러싸인 곳이 바로 그곳이다. 조망점의 고도가 낮아 부채꼴 모양의 선상지 면이 완벽하게 보이지 않고, 선상지 앞을 지나는 서시천도 보이지 않는다. 아쉽다. 더 높은 지점이 요구된다.

161 구례선상지 2

보다 완벽한 조망점을 찾아 헤매다 보면, 예상치 못한 행운이 찾아오기도 한다. 이 사진은 겨울철 아주 맑지만 무지 추운 날 아침, 구례읍에서 북서쪽으로 3km가량 떨어진 산성봉(364m)에 올라 찍은 사진이다. 오른쪽에 있는 것이 화엄사 계곡 선상지이고, 왼편에는 천은사 계곡 선상지가 있으나 거의 개석되어 그 흔적만 일부 보인다. 이곳 산성봉은 봉성산공원에 비해 고도가 200m 이상 높기 때문에, 화엄사 계곡 입구에서 부챗살처럼 펼쳐져 교과서적인 형태의 선상지를 포착할 수 있었고, 덤으로 눈 덮인 노고단도 사진에 담을 수 있었다. 얼마 전 여름에 이곳을 다시 찾았으나, 숲으로 가려져 있어 이전의 조망점을 찾을 수 없었다.

2005. 12.

이 사진에서 두 가지 사실을 확인할 수 있다. 첫째, 구례선상지는 현재의 마산천이 퇴적시킨 것이 아니라, 오히려 마산천
이 과거의 선상지면을 개석했다는 점이다. 둘째, 예닐곱 개의 골짜기들이 두부침식의 원리로 선상지면을 개석하면서 상
류 쪽으로 연장되고 있다는 점이다. 이 사진을 어떻게 알았는지 모르겠으나, 어느 출판사로부터 자신의 책에 이 사진을
싣고 싶다는 연락을 받았다. 사진값으로 얼마를 줄 수 있냐고 물었더니, 6만 원이라 했다. 내 지식과 노동에 대한 대가가
그 정도라는 데 화가 나서 직접 찍으라고 했다. 결국 6만 원 받고 허락하고 말았지만. 이제부터는 결코 그 정도로는 팔지
않을 예정이다. 그냥 줄지라도.

2002. 3.

162 구례군 산동면 산수유마을

봄철에는 매화를 시작으로 벚꽃, 산수유, 개나리, 철쭉 등, 꽃을 주제로 한 지방축제가 곳곳에서 열리는데, 산수유의 경우 산동 산수유마을에서 열리는 축제가 대표적이다. 산동 산수유마을이란, 산수유를 재배하는 전남 구례군 산동면 위안리 일대 여러 자연마을을 총칭하는 것이다. 봄철이 되면 산수유나무의 샛노란 꽃들이 마치 뭉게구름 피어오르듯 산간분지 전체를 뒤덮는다. 산수유마을이 있는 산동분지는 19번 국도에서 10km도 채 떨어지지 않았지만, 분지의 외륜산에는 성삼재-만복대-정령치로 이어지는 백두대간 구간이 일부 포함되어 있다.

꽃이 장소마케팅의 주제일 경우, 꽃나무에 열매가 맺히고 그것을 식품이나 건강보조제 혹은 의약품으로 이용할 수 있어야 성공 확률이 높아진다. 매화나무와 마찬가지로 산수유나무 역시 열매를 맺는데, 늦가을에 수확하는 어른 손톱만 한 붉은색 열매는 한방에서 중요한 약재이다. 사장님이 직접 광고에 출연해 의외의 인기를 누리는 건강보조식품의 재료가 바로 산수유이다. 산수유 꽃이 만발한 모습을 제대로 보려면 상위마을로 가는 것이 좋다. 이 사진에서는 분지를 관류하는 서시천 상류에 사생하러 나온, 아마추어 미술 동호회 모습을 담아 보았다.

163 금오산에서 바라본 광양제철소

1978년 경제발전에 따른 철강수요의 증대로 포스코(당시 포항제철)의 철강 생산을 늘리기 위해 제2제철의 건설이 확정되었다. 포항제철이 제철소의 입지로 정부에 건의한 지역은 제2가로림만이었으나 당시 청와대와 행정부에 의해 결정된 곳은 충남 아산만이었다. 이후 새로운 후보지로 광양만이 등장하였다가 다시 아산만으로 회귀하는 등 복잡한 과정을 겪었지만, 1981년 섬진강 하구인 광양만으로 최종 결정되었다. 이듬해인 1982년부터 사업지역에 포함된 13개 섬 중 금당도와 태인도를 제외한 11개 섬을 깎아 한산도보다 큰 15,074,448㎡의 간척지가 만들어졌고 1987년 광양제철소 제1기 준공식이 거행되었다. 이후 1988년 제2기, 1990년 제3기, 1992년 제4기 사업이 차례로 완공되면서 세계 최대의 생산규모를 가진 제철소로 성장하였다.

2015. 11.

광양제철소를 조망할 수 있는 지점은 몇 군데가 있지만, 온전히 한눈에 들어오는 곳은 하동읍 금남면에 위치한 금오산 (849m)이다. 금오산은 북쪽으로는 지리산, 남쪽으로는 남해도와 다도해, 동쪽으로는 사천 선상지, 서쪽으로는 섬진강 하구인 광양만을 조망할 수 있으며, 정상까지 자동차로 도달할 수 있어 접근성도 좋은 훌륭한 조망점이다. 사진 중앙에 연기를 뿜는 굴뚝이 밀집된 곳이 광양제철소로, 금오도 남쪽을 간척하여 입지하였다. 금오도 오른쪽에 인접한 섬은 우리나라 최초로 김 양식이 시도된 태인도이다. 중앙의 현수교는 2012년 여수엑스포에 맞춰 건설된 이순신대교로, 묘도와 연결된다. 묘도는 임진왜란 당시 조명연합군 사령부로 이용되었고, 당시 진지를 구축한 곳에는 명나라 수군제독 진린의 직위에서 유래된 도독마을이 들어서 있다.

164 광양시 다압면 매실마을

만물이 추위에 떨고 있을 때, 꽃을 피워 봄을 가장 먼저 알려 주는 대표적인 나무가 매화나무이다. 이곳 매화마을이 초봄에 국민적인 관심을 받는 것도 이 때문이다. 붉은 꽃이 피는 홍매화도 있으나 대개 흰 꽃이 피며, 여름에 맺는 열매가 매실이다. 매실은 중국이 원산인데, 관상용이나 과수로 심겨지고, 한국, 중국, 일본에 분포하고 있다. 우리나라에서 매실은 주로 설탕에 재어 차로 마시거나 술을 빚어 먹고, 또한 매실로 장아찌를 담거나 매실 진액을 만들어 음식에 첨가하기도 한다. 일본 사람들이 즐겨 먹는 '우메보시'도 매실을 가공한 것이다.

2002. 3.

매화마을은 섬진강 변을 따라 달리는 도로 중에서 서쪽에 있는 861번 지방도로 변에 위치해 있으며, 광양시에 속하지만 경남 하동군 하동읍 소재지에서 더 가깝다. 3월이 되면 매화꽃이 만발하는데, 1995년 3월 청매실농원에서 매화축제를 시작한 것을 계기로 매년 매화축제가 열리고 있다. 꽃을 주제로 초봄에 열리는 축제라는 점과 사진촬영대회, 국악한마당, 매실 가공식품 전시 및 판매 등 볼거리, 먹거리 등이 잘 어우러져, 수백에 이르는 지방축제 중에서 성공적인 축제의 하나로 평가받고 있다. 사진의 중앙에 있는 것은 청매실농원의 매실 장독들이다.

165 낙안읍성

읍성은 지방의 주민을 보호하고, 군사와 행정 기능을 담당하던 성이다. 현재와 같이 넓은 분지 바닥의 평지 위에 세워진 석성은 모두 조선 시대, 특히 세종 시대에 성의 방어력을 높이기 위해 과거 토성을 개축한 것이다. 해안 근처 큰 고을에는 모두 읍성이 있었는데, 지금도 남아 있는 대표적인 해안가 읍성으로는 비인읍성, 해미읍성, 동래읍성, 보령읍성, 진도읍성, 거제읍성, 언양읍성 등이 있다. 낙안읍성은 산지로 둘러싸인 낙안분지 안에 있지만, 과거 해안이던 벌교까지 7km가 채 되지 않는다. 왜구의 침입에 대비해 만들어졌던 것으로 보인다.

2002. 5.

낙안읍성은 총길이 1,420m, 높이 4m, 너비 3~4m의 사각형 석성으로 1~2m 크기의 자연석을 이용하여 견고하게 쌓았다. 이곳은 1908년까지 존속했던 낙안군의 중심지였으며, 성곽과 내부 마을이 원형에 가깝게 보존되어 있다. 더군다나 성곽 내 전통 한옥은 모두 100채가 넘는데, 대부분 실제 주민들이 기거하고 있다. 축제로 유명한 낙안읍성에서는 해마다 10월이면 낙안민속문화축제와 남도음식문화축제가 열린다. 사진은 읍성의 북서쪽 모퉁이에서 남쪽을 보고 촬영한 것으로, 초가로 된 민가 이외에 왼편에 기와로 덮인 관아 건물도 보인다.

166 순천만

아마추어든 프로든 순천만 사진을 찍기 위해서는 석양에 썰물 때를 맞추어야 한다. 사진을 찍는 곳도 용산전망대가 유일하다. 원래 이곳은 꾼들만 아는 곳이었으나, 이제는 갈대숲을 가로질러 산책로를 따라가면 용산전망대로 바로 이어진다. 따라서 대개의 사진은 석양을 배경으로 물이 가득 찬 수로를 따라 고깃배가 귀환하는 전경이고, 이 사진도 예외는 아니다. 하지만 사진보다 실제가 더 아름다운 곳이다. 소설가 김승옥은 자신의 소설 『무진기행』에서, 이곳의 갈대, 갯벌, 철새와의 환상적인 만남을 소개하기도 했다.

순천시는 순천만의 생태자원 보호를 위해 많은 노력을 기울이고 있으며, 이곳에 거는 기대 또한 각별하다. 덕분에 자연을 주제로 한 장소마케팅에서 순천만만큼 성공을 거둔 곳이 없을 정도이며, 덕분에 2008년에는 우리나라 명승으로까지 지정되었다. 순천만이 이처럼 보기 드문 대성공을 거둔 데는 이곳의 가치를 알고보고 숨어서 노력한 수많은 사람들의 노력 덕분이겠지만, 그중에서 기억나는 사람이 하나 있다. 순천만을 주제로 서울대학교 지리학과에서 박사학위를 받은 박의준 박사인데, 하늘에서도 그의 재주를 알았는지 먼저 모시고 갔다. 안타깝기 이를 데 없다.

2006. 11.

2010. 7.

167 목포 갓바위

목포 하면 유달산이라. 멀리서 유달산을 찍은 사진이나, 유달산 정상에서 삼학도나 다도해 전경을 찍은 사진이 목포 사진으로는 제격일 것이다. 하지만 목포를 방문할 때마다 날씨가 좋지 않아 내 수중에는 그런 사진이 없다. 꿩 대신 닭이라고, 목포의 또 다른 상징인 갓바위로 유달산을 대신해 보았다. 갓바위의 암석은 화산재가 쌓여 형성된 응회암인데, 화산재 입자가 눈에 보일 정도로 크다. 갓바위의 형성 과정을 지형학적으로 정확하게 이야기하자면, 암석 입자 사이에 염분이 침투하고 그것이 성장함에 따라 입자들이 떨어져 나오는 현상을 염풍화작용이라 하고, 이때 떨어져 나오는 방식을 입상붕괴라 한다.

해안에 있는 갓바위를 둘러볼 수 있도록 산책길이 바다 쪽으로 나 있다. 갓바위는 돌기둥 2개로 되어 있는데 큰 것은 8m, 작은 것은 6m 정도이다. 돌기둥의 중간이 염풍화를 받아 전체적으로 갓을 쓴 사람의 형상이라 하는데, 보기에 따라서는 다르게 보일 수 있다. 자연 사물이 달리 보이는 것도 게슈탈트gestalt인가? 돌기둥 2개가 2009년 천연기념물 제500호로 지정되었는데, 좀 과한 대접을 받은 것 같다. 목포시는 갓바위 주변을 갓바위지구로 지정하였으며, 그 안에 목포문화예술회관이 있고, 목포자연사박물관, 국립해양유물전시관도 그 이웃에 있다.

2001. 9.

168 만성리검은모래해변

만성리검은모래해변은 여수시 동부 해안에 있으며, 길이는 540m가량 되고 폭은 30m가량 되는 자그마한 모래해안이다. 이곳은 우리나라에서 보기 드문 검은색 모래로 된 해변인데, 중생대 경상누층군의 퇴적암이 부서진 것이라 그 색이 검다. 또한 이곳 모래는 몸에 묻어도 쉽게 털릴 정도로 그 크기가 큰 편이라 해수욕장 모래로 제격이다. 해변 남쪽 마래터널 근처에는 해송과 해안절벽이 어우러져 장관을 이룬다.

이곳은 일제강점기에 해수욕장으로 개장되었는데 검은 모래가 신경통 등 부인병 치료에 효험이 큰 것으로 알려져 모래찜질을 하기 위해 많은 해수욕객이 찾았던 곳이었다. 하지만 주변 지역의 공업화로 해수 오염 문제가 대두되었고, 더군다나 최근 몇 년간 모래 유실로 해변이 황폐화되고 있는 실정이다. 2004년 만성리 입구에 새로 만든 186m 길이의 방파제가 그 원인으로 지적되고 있는데, 이 방파제는 2003년 태풍 매미 때 파괴된 방파제를 크게 증축한 것이다. 이 외에도 낡은 시설과 관리 부실로 이곳 해수욕장은 점차 쇠퇴되어 가는 실정이다.

2001. 9.

169 여수 오동도

사진을 찍는 사람들에게 여수의 명물은 조명이 환하게 비친 돌산대교일 수 있지만, 그래도 여수 관광의 1번지는 오동도이다. 오동도는 면적이 0.12km²밖에 안 되는 작은 섬이지만, 동백나무와 이대를 비롯하여 참식나무, 후박나무, 팽나무 등 193종의 희귀 수목이 울창한 숲을 이루고 있다. 사진은 자산공원에서 바라다본 오동도이며, 2012년 여수해양엑스포의 주 무대는 방파제 왼편에 있는 여수신항이다. 오동도와 육지를 연결하는 방파제는 1920년 신설한 여수신항을 보호하기 위해 일제가 1935년에 완공한 것으로 그 길이는 768m나 된다.

한려해상국립공원에서 '한려'란 한산도와 여수를 의미하므로, 공원 구역을 두 지역 사이의 바다로 오해할 수 있다. 실제로는 거제, 통영, 남해, 여수 오동도가 한려해상국립공원 구역으로 지정되어 있다. 한때 여수 오동도와 만성리해수욕장은 여수시가, 마찬가지로 경주국립공원은 경주시가, 한라산국립공원은 제주시가 관리하였다. 지금은 한라산국립공원을 제외하고 모든 국립공원을 환경부 산하 국립공원공단이 관리하고 있다.

2002. 5.

170 고흥군 도화면 육계도

사진에 보이는 육계도는 고흥반도의 최남단인 고흥군 도화면 봉산리에 있으며, 도로를 따라 조금만 가면 도화면과 포두면의 경계를 지난다. 모래로 된 육계사주가 연결하고 있는 전형적인 육계도인데, 육계사주의 길이는 70m가량 된다. 도로변에 전망대가 있지만 시야가 좋지 않아 도로에서 약간 벗어난 곳에서 촬영했다. 우리나라 해안에서 이 정도의 육계도는 도처에서 볼 수 있지만, 굳이 이 육계도를 사진집에 포함시킨 것은 도로 이야기를 좀 하기 위해서이다. 2002년 사진을 찍을 당시 이곳을 지나는 도로는 도로명도 없던 좁은 도로였으나, 지금은 77번 국도로 바뀌었다.

2003년 서해와 남해에 분산되어 있던 지방도와 국도를 통합해 77번 국도로 승격하였다. 그 이후 문산과 서울을 잇는 자유로도 77번 국도에 포함되었는데, 현재는 부산과 개성을 잇는 해안일주도로로 확정되었다. 지도에서 자세히 살펴보면, 전남을 제외한 대부분의 지역에서는 기존의 국도나 지방도, 건설 혹은 건설 예정의 방조제를 77번에 포함시켰다. 하지만 전남의 경우 섬들이 워낙 많은 탓도 있지만, 77번 국도는 신안군의 무수히 많은 섬들을 지나야 한다. 한편 2번 국도의 시작점을 목포에서 신안으로 옮긴 것도 77번 국도가 지정되었던 시기와 비슷한 2001년의 일인데, 여기에는 총 12개의 교량이 필요하다. 국도로 지정되면 다른 도로보다 우선적으로 건설해야 한다.

171 득량만 간척지

2번 국도를 따라 벌교에서 보성 쪽으로 가다 보면 넓은 벌판이 나온다. 이곳 득량만 간척지는 일제가 쌀 증산을 위해 만
든 대표적인 간척지로, 전남 보성군 조성면과 득량면에 걸쳐 있다. 간척지와 같이 해안에 위치한 대규모 지형은 주변에
높은 산지가 드물어 적절한 조망점을 찾기가 매우 어렵다. 초판에서는 적절한 조망점을 찾지 못해 궁여지책으로 간척지
한가운데 있는 덕산교회 종탑에서 촬영한 사진을 수록하였으나 볼 때마다 불만이었다. 이 사진은 간척지 서쪽의 오봉산
(392m)에서 촬영한 것으로 득량만 간척지, 방조제, 갑문, 담수호가 잘 보인다.
득량만 간척지는 1930년 공유수면매립허가가 내려지고 1937년 득량만 방조제가 완공되었으며, 2년 뒤인 1939년에 공

2013. 11.

정이 마무리되었다. 간척지를 농경지로 사용하기 위해서는 염분 제거와 농업용수 공급이 전제되어야 한다. 새로운 간척지에는 이전 하천이 공급하던 물로는 부족하기 때문에 간척지 내에 담수호를 만들어 용수를 모아두고, 필요할 경우 외부에서 물을 공급하기도 한다. 득량만 간척지에 용수를 공급하기 위해 섬진강 지류인 보성강을 막아 저수지를 축조하고, 이 물을 간척지로 보내기 위해 2.2km의 터널을 뚫었다. 보성강 저수지 쪽이 고도가 높아서 반대편 득량만 쪽에 유역변경식 발전소를 만들었다. 보성강발전소라고 하지만 보성강 유역에 있지 않고, 다만 발전용수가 보성강의 물인 셈이다.

305

172 보성다원 1

2번 국도를 벗어나 18번 국도를 따라 남쪽으로 5km가량을 가면 봇재라는 제법 높은 고개가 나온다. 이 고개를 넘자마자 눈앞에는 지금과는 전혀 다른 경관이 펼쳐진다. 차밭이다. 이 사진은 봇재 아래 조성된 전망대에서 촬영한 것으로, 보성 다원 사진 중에서 이와 똑같은 구도를 한 사진은 흔하다. 전망대의 위치는 도로공사를 하는 토목업자가 자신들의 편의에 의해 정하는 것이라서, 더 나은 사진을 얻으려면 이곳저곳 발품을 팔아야 한다. 하지만 다른 사람들의 생업 공간에 취미 활동을 명분으로 무작정 들어가서 사진을 찍는 것이 무례한 일이라 늘 마음에 걸린다.

306

2002. 9.

차밭은 계곡을 따라 개간되어 있는데, 경사지의 토양 유실을 막기 위해 경사에 직각방향으로 이랑을 일군 등고선식 경작을 하고 있다. 곡선으로 된 이랑이 보여 주는 규칙성은 경관에 또 다른 아름다움을 더해 준다. 하지만 이방인의 눈에 비친 아름다움에는 힘든 노동의 고단함이 묻어 있다. 기계로 차를 수확하기 전 초봄에는, 우전, 세작과 같은 고급차를 만들기 위해 어린 찻잎을 모두 손으로 따야 한다. 봄볕에는 며느리, 가을볕에는 딸을 내보낸다고 했듯이, 봄볕은 자외선이 많아 몸에 해롭다. 물론 우전의 가격은 다른 녹차에 비해 몇 배나 높다.

173 보성다원 2

보성다원을 갈 때마다 두 가지 의문이 생긴다. 하나는 보성다원을 찾는 사람들이 보성이 전남에 속한 보성군의 보성이 며, 보성읍은 2번 국도에서 보성다원 갈 때와 반대방향인 북쪽으로 3~4km를 가야 나온다는 사실을 알고 있을까? 다른 하나는 보통 보성다원이라면 산 사면을 깎아 만든 사진 속의 차밭이 아니라, CF, 영화, 드라마에 등장하는 환상적인 경관 을 먼저 떠올리지 않을까? 전나무 길, 짙은 안개, 녹색 차밭. 하지만 그곳은 대한다원이라는 기업이 운영하는 보성다원 으로, 내부를 식물원처럼 꾸미고, 산책로, 숲, 전망대도 갖추고 있다.

2002. 9.

보성군에서 생산하는 보성녹차는 우리나라 지리적 표시 제1호로 지정된 상품이다. 지리적 표시제Geographical Indication System란 상품의 특정 품질, 명성, 그 밖의 특성이 본질적으로 특정 지역의 지리적 근원에서 비롯되었다고 판단해, 그 지역 또는 지방을 원산지로 하는 상품임을 명시하는 제도를 말한다. 그 결과 다른 곳에서는 함부로 그 상표권을 사용할 수 없도록 법적 권리를 보호해 준다. 현재 100여 개 상품이 지리적 표시 상품으로 지정되어 있는데, 순창 전통고추장, 횡성 한우고기, 벌교 꼬막, 단양 마늘, 해남 고구마 등이 그 예이다.

1999. 10.

174 천관산

장흥군의 남쪽에 위치한 관산읍과 대덕읍의 경계를 이루는 천관산은 지리산, 월출산, 내장산, 내변산과 함께 호남의 5대 명산으로 꼽힌다. 물론 인터넷을 찾아보면 내변산 대신 능가산을 꼽은 것도 있다. 천관산의 높이는 723m에 불과해 이보다 높은 산은 호남에 여럿 있다. 하지만 천관산이 호남의 명산으로 대접을 받는 것은, 상대적으로 고도가 낮은 장흥반도 최남단에 우뚝 솟아 있고, 사진과 같이 암괴로 된 봉우리 수십 개가 산 능선을 따라 곳곳에 흩어져 있으며, 가을철에는 이들 암괴와 억새가 환상의 조화를 이루기 때문이 아닌가 한다.

사진에서처럼 산 정상에 흩어져 있는 암괴들은 지형학적 용어로 토르tor라고 한다. 토르는 원래 영국 다트무어 지방의 토속어가 지형 용어로 바뀐 것이다. 풍화를 받은 화강암에서 풍화된 토양이 제거되면 풍화를 받다가 만 암괴들이 구릉 정상부에 집중적으로 남는데, 이러한 풍화 잔존 지형 전체를 토르라 한다. 따라서 다트무어에서는 구릉 이름으로 △△토르, ××토르, ○○토르라 부르고 있다. 우리나라에서는 개별 암괴 하나하나를 토르라고 하는데, 엄밀히 말하자면 사진에 보이는 천관산 정상부 전체를 토르라 칭하는 것이 올바르다고 여겨진다.

2002. 5.

175 팔영산

팔영산을 가려면 벌교에서 15번(27번) 국도를 타고 고흥반도로 들어서서 한참을 가다 점암면 쪽으로 방향을 바꾸어야 한다. 길가에서도 전체 산세와 8개 봉우리 모두를 확연하게 볼 수 있을 정도로 팔영산은 나지막한 구릉 사이로 우뚝 솟아있다. 최고봉인 성주봉의 고도가 608m밖에 되지 않는다고 쉽게 도전했다가는 낭패를 볼 수 있다. 팔영산의 지질은 화산암 계열로, 거칠고 수직절리가 발달해 있다. 게다가 8개 봉우리가 일직선으로 늘어서 있고, 봉우리 하나하나마다 급경사의 암벽길을 오르내려야 하므로, 산의 높이에 비해서 등산 강도가 아주 높다.

어느 통계에 의하면 한 달에 한 번 이상 산에 가는 사람이 1,560만 명에 달한다고 한다. 봄철에는 등산객들로 팔영산 능선이 인산인해를 이루는데, 특히 정상에서 보는 경관은 예사롭지 않다. 다도해해상국립공원이 한눈에 펼쳐지며, 남쪽에는 3.5km 길이의 방조제를 지어 광대한 갯벌을 농경지로 바꾼 해창만간척지가 넓게 나타난다. 한편, 2011년 다도해해상국립공원의 구역 조정 과정에서 보전 가치가 낮은 고흥군 도화면, 봉래면, 동일면 일대의 주거지와 농경지가 국립공원에서 해제된 반면, 기존의 팔영산 도립공원 일대가 국립공원으로 승격되었다.

2002. 10.

176 동석산

전라남도를 여행하다 보면 국도와 지방도에 '경치 좋은 곳' 혹은 '경치 좋은 길'이라는 갈색 도로 표시판이 서 있는 것을 종종 볼 수 있다. 외국에서 흔히 볼 수 있는 '뷰포인트view point'와 '시닉로드scenic road'에서 착안해, 전남대학교 지리학과의 이정록 교수와 함께 전라남도에 뷰포인트와 시닉로드 선정 사업을 제안한 적이 있다. 제안했던 용역 계획이 채택되어 선정 작업에 참여했고, 그 결과가 길가에 서 있는 도로표시판들이다. 이 사업이 전국적으로 확산되지 못한 것은 아쉽지만, 국토 어딘가에 노력의 흔적이 남아 있는 것만으로 만족한다. 동석산은 '세방낙조'를 선정하고 돌아오는 길에 우연히 만난 산이다. 높이에 비해 우람한 자태에 매료되어 사진에 담아 보았다.

번호도 붙어 있지 않은 지방도로를 지나다 아랫심동마을 부근에 이르면, 동석산이라는 입간판이 서 있다. 마을 사람들뿐만 아니라 이곳을 찾는 등산객들 모두 이 산을 동석산이라고 부르지만, 국립지리정보원 지도에는 석적막산이라는 이상한 이름이 붙어 있다. 그 이유를 알 길이 없다. 동석산은 해발 240m가량 되는 나지막한 산이나, 사진에서 보는 바와 같이 암릉이 거칠기 짝이 없다. 화산암 계열의 암봉으로 이루어진 1.5km의 능선 길은 초보 등산객이 건너기에는 위험이 따른다. 정상에서 서해와 남해의 섬들을 한눈에 볼 수 있으며, 일몰 조망으로 유명한 급치산(221m) 전망대는 산 남쪽에 있다.

313

2002. 9.

177 산이반도

화원반도와 산이반도는 서해안 최남단에 삐죽 나온 반도들로, 그 서쪽 끝을 이은 것이 금호방조제이다. 또한 산이반도와 삼호반도의 서쪽 끝을 이은 것이 영암방조제인데, 각각의 방조제 뒤에는 금호호와 영암호가 있다. 이 두 방조제는 농업용수를 확보하기 위해 만든 것이지만, 방조제 위에 조성된 도로 덕분에 해남, 영암과 목포 간의 거리는 획기적으로 단축되었다. 사진 속 산이반도는 해발고도가 20m도 채 되지 않는 구릉지대이다. 사진 속 작물은 김장용 무인데, 이것을 수확한 후 배추를 심는다. 이 배추는 월동한 후 봄철에 수확된다.

이곳처럼 높은 조망점이 없는 곳에서 분포와 패턴 그리고 입체감을 갖춘 제대로 된 지오포토를 찍으려니, 고가 사다리 생각이 난다. 당나라 때 '등관작루(관작루에 올라)'라는 시를 쓴 왕지환도 같은 생각이었던 모양이다.

해는 서산 너머로 잦아들고
황하는 바다를 향하여 흘러들어간다
천 리 끝 간 데를 보려고
한 층을 다시 더 올라야 하리

하얀 해는 서산마루에 걸려 넘어가고
황하는 서서히 바다로 잠긴다
천하 멀리까지 더 보고 싶은 욕심에
누각의 한 층을 더 올라가 본다

중원에서는 호박 하나 위에 올라도 천리가 더 보인다고 했던가?

178 진도대교

명량해협을 가로지르는 다리는 1984년에 완공된 우리나라 최초의 사장교 진도대교이다. 이 사진은 2002년에 찍은 것이라, 2005년에 새로이 개통된 쌍둥이 다리인 제2진도대교는 사진에 없다. 진도 쪽 해안에 있는 망금산(112m) 정상 녹진전망대에서 해남의 화원반도 쪽을 바라보고 촬영한 것인데, 사진에서 보듯이 화원반도는 전체적으로 평탄하다. 사진 우측 중앙에 있는 산이 화원반도에서 가장 높은 일성산(335m)이다. 다리 아래 좁은 해협이 울돌목, 혹은 명량해협으로 불리는 곳으로, 둘 다 굉음을 내며 흐르는 바다라는 의미이다.

2002. 10.

울돌목은 빠른 물살로 유명할 뿐만 아니라, 이 빠른 물살을 이용해 임진왜란 때 이순신 장군이 왜적을 크게 쳐부순 곳
으로도 유명하다. 명량해협에서 가장 좁은 부분의 너비는 294m이며 유속은 평균 5.5m/s이고, 바다 표층에서는 최대
6.5m/s에 이른다. 밀물 때는 동에서 서로 물이 지나가지만, 썰물 때는 서에서 동으로 빠져나간다. 사진은 서에서 동으로
바닷물이 빠져나가므로 썰물 때의 모습이다. 2008년에는 빠른 물살을 이용한 1,000kW급 시험조류발전소가 설치되었
는데, 이는 댐 없이 자연 여건을 이용하는 새로운 유형의 에너지 상용화 시설이다.

2002. 5.

179 피아골 차밭

19번 국도를 따라 하동에서 섬진강 변을 가다 보면 화개장터로 유명한 화개를 지난다. 이곳까지 섬진강 건너편은 전라남도이고 이쪽은 경상남도이다. 하지만 화개를 지나면 섬진강 동쪽도 서쪽도 모두 전라남도 구례군에 속한다. 화개에는 옛화개장터를 재현한다고 새롭게 장터를 꾸며 놓았지만 어디에서나 볼 수 있는 장터 모습에 실망하게 된다. 하지만 70이넘은 노인이 운영하던 대장간은 늘 생기 넘쳤는데, 그는 경력만 50년이 넘는 요즘 보기 드문 달인이었다. 아쉽게도 그는몇 년 전 사망하였다.

화개를 지나 도 경계를 넘으면 섬진강에 합류하는 내서천이 나오고, 이 하천의 상류가 그 유명한 피아골이다. 피아골 내서천이 반야봉에서 발원한다고 알려져 있지만, 반야봉은 백두대간 너머에 있어 그 물이 낙동강으로 흐른다. 피아골은 폭포, 소 등이 이어져서 계곡미가 뛰어나고, 가을 단풍이 절경이다. 사진은 내서천 변에 조성된 차밭이며, 아낙들이 찻잎을따고 있다. 야생차라 하면 절로 자란 차나무에서 딴 차로 오인할 수 있지만, 보성과 같은 대규모 차밭이 아니면 모두 야생차라고 한다. 소위 지리산 야생차도 이런 식으로 재배된 것이다.

318

2002. 3.

180 해남 세광염전

사실 이 사진은 해질 무렵 이 주변을 지나다 염전에서 작업하는 사람들이 있어 큰 뜻 없이 찍은 것이다. 평소 역광 사진을 찍지 않는데, 이 날은 별다른 조망점이 없어 사진에 해를 넣고 염전에서 일하는 사람들의 모습을 담았다. 나중에 현상해 놓고 보니 모두들 좋다고 해서, 자그마한 사진 전시회에도 걸어 보았고 이번 사진집에도 포함시켰다. 벌써 10년 전의 사진이라 슬라이드필름 테두리에 기입된 지명과 날짜가 없었다면 이곳이 어디인지 기억할 수도 없었을 것이다. 이곳 세광염전은 전라남도 해남군 문내면 예락리에 있으며, 요즘 토판 염전으로 유명세가 대단하다.

초대형 쓰나미로 일본 동북지방의 원자력발전소에서 사고가 난 직후, 소금 속의 요오드가 피폭된 데 도움이 된다고 하여 마트의 소금 판매량이 급증했다. 특히 천일염은 찾아보기 힘들 정도였다고 한다. '명품 소금'으로 알려진 이곳 세광염전의 토판염도 덩달아 최고의 인기를 구가했다. 토판염의 토판이란 비닐 장판을 간 보통의 염전이 아니라 흙을 다져 만든 염전을 말한다. 토판 염전의 소금 생산량은 장판 염전의 1/5이지만, 값은 5배 이상이다. 한편 2023년, 사고 원자력발전소의 핵 오염수 방류 문제가 대두되면서 또 다른 방식으로 소금 파동이 재현되었다.

181 가거도 섬등반도

전남 신안군은 72개의 유인도와 953개의 무인도로 이루어져 있는 섬들의 고향, 천사1004의 섬으로 불린다. 이곳 가거도
는 흑산군도에 포함된 섬으로, 목포에서 직선거리 145km, 뱃길 233km이며, 흑산도에서는 남서쪽으로 80km 떨어진 우
리나라 남서 극지의 섬이다. 여객선 승선시간으로는 만재도가 5시간으로 가장 오래 걸리지만, 이는 여객선의 순환항로
와 관련된 것일뿐 가거도야말로 우리나라 최고도最孤島라는 말에 어울리는 섬이다. 섬은 약 6km가량 북서-남동 방향으
로 기다랗게 놓여 있으며, 최고봉은 독실산(639m)이다. 위 사진은 독실산에서 하산하는 길에 서쪽으로 보이는 섬등반도
를 촬영한 것이다.

가거도는 해식애의 발달이 탁월하다. 섬등반도는 본섬에서 서쪽으로 약 1km가량 뻗어 나와 있는데, 망망대해를 배경으

2012. 7.

로 우뚝 솟아 있는 해식애와 그 위 목가적인 풍경은 가거도 최고의 비경으로 손꼽힌다. 섬등반도에는 10여 가구로 구성된 항리마을이 들어서 있다. 가거도는 절해고도라 4계절 해풍의 영향을 직접 받는다. 특히 강력한 겨울철 북서풍을 피하기 위해 가거도항이 들어서 있는 대리마을은 섬 남동쪽 끝자락에 위치해 있다. 다습한 남동풍이 불어오는 여름에는 바람받이에 해당하는 가덕도항 부근이 매일 낮은 구름과 안개에 휩싸여 있으나, 바람의지에 해당하는 북서쪽의 섬등반도는 구름 한 점 없이 맑다. 따라서 겨울에는 북서풍을 피해 대리에서 겨울을 나고 여름에만 항리마을에서 머무는 가구도 있다고 한다.

2012. 7.

182 마구산에서 바라본 만재도

만재도는 목포에서 직선거리로 100km, 흑산도에서 50km, 가거도에서 35km 떨어져 섬으로 우리나라에서 가장 오랜 시간 배를 타야 도착할 수 있는 섬이다. 거리상으로는 최서남단의 가거도가 가장 먼 곳이지만 여객선의 항로가 목포–흑산도–가거도–만재도를 거쳐 다시 목포로 귀항하기 때문에 만재도를 가려면 5시간 이상 배를 타야 한다. 때에 따라 항로가 변경되어 역방향으로 돌기도 하는데, 만재도로 가는 사람에게는 다행이지만 목포로 가는 사람은 다시 5시간 이상 배를 타야 하니 고역이기도 하다.

만재도는 T자 모양을 하고 있으며 마구산(177m)이 포함된 북동–남서 방향에 직각으로 1km가량 헤드랜드가 돌출되어 있다. 고기가 많이 잡힌다는 섬의 이름처럼 낚시꾼에게 꿈의 섬으로 알려져 있었으나, TV 프로그램에 소개된 이후 낚시 꾼뿐만 아니라 일상의 안락함에서 벗어나 특별한 경험을 해보고자 하는 이들의 방문이 늘어나고 있다. 사진의 중앙부는 만재도 마을이며 붉은색 벽돌 건물은 섬에 전기를 공급하는 내연발전소이다. 만재도항은 수심이 얕아 어선이 승객을 싣고 나가 하객을 싣고 만재도로 돌아온다. 이곳 만재도는 여객선이 들어올 때 잠시 분주해지지만 섬은 이내 다시 고요해진다. 오늘날 도시인에게 이러한 고요함은 무척이나 어색한 것이라, 장기간 계획하고 온 여행객도 다음날이면 어김없이 여객선에 오른다.

2002. 5.

183 함평만 개막이

함평만의 동쪽은 함평군 함평읍과 손불면 해안이고, 남쪽은 무안군 현경면 해안 그리고 서쪽은 무안군 해제면의 해제반도 동쪽 해안으로 둘러싸여 있다. 따라서 함평만은 북쪽으로만 좁게 열려 있는 긴 내만이다. 만 내에는 대도, 소도, 소당섬, 승도 등이 있고, 만의 입구에는 항도, 장고섬, 닭섬, 목섬 등이 있다. 해제반도 쪽 해안선은 출입이 복잡한 리아스식 해안을 이루고 있으나, 육지 쪽 해안은 간척지와 염전들이 넓게 개발되어 해안선이 비교적 단조롭다. 만 내에는 돌머리해수욕장과 안락해수욕장이 있으며, 수심이 얕고 조차가 커서 항구의 발달은 미약하다.

사진은 돌머리해수욕장 남쪽 간석지에 설치된 개막이를 찍은 것이다. 개막이란 개펄에 어살을 박고 울타리처럼 그물을 쳐서 밀물에 들어온 고기를 썰물에 잡는 원시적인 어업으로, 주로 숭어, 조기, 농어 따위를 잡는다. 그물의 높이가 2m를 훨씬 넘지만 목포의 조차가 5m, 영광의 조차가 6m가량 되므로, 이곳 함평만도 그에 못지않을 것으로 판단된다. 따라서 현재 보이는 어살은 밀물 때는 물에 잠겨 보이지 않을 것이다. 사진에서 모자를 쓴 분은 경상대학교 지리교육과 김덕현 교수이고, 그 옆이 진주에서 지리교사를 하고 있는 지영진 선생이다. 초상권이 침해되었다면 우선 죄송하다는 말씀을 전하고 싶다.

184 슬로시티 증도

수많은 섬으로 구성된 신안군은 옹진군, 울릉군과 더불어 오롯이 섬으로만 된 행정구역이다. 2007년 아시아에서는 최초로 증도를 포함한 전남 완도, 장흥, 담양 4개 도시가 국제슬로시티로 인증받았는데, 이후 TV 프로그램 등에 소개되면서 대중적인 관광지가 되었다. 무안에서 이곳 증도로 가기 위해서는 지도, 송도, 사옥도를 거쳐야 하는데, 2010년 증도와 사옥도를 연결하는 증도대교가 완공되면서 연육되었다. 증도는 오른쪽의 후증도와 왼쪽의 전증도, 멀리 방조제 너머로 일부만 보이는 우전리 사취를 방조제로 연결하면서 1960년대에 들어 오늘의 모습을 갖추게 되었다.

사진 중앙에 드넓게 펼쳐진 염전은 우리나라 최대의 염전으로 불리는 태평염전이다. '물이 없는 섬'이라는 의미의 지명에서 알 수 있듯이 농업용수 부족, 분단으로 이북 서해지역으로부터의 소금공급 중단, 한국전쟁 이후 피난민의 정착이라는 사회적 조건이 결합하면서, 1953년 이곳 증도에 140만 평 규모의 염전이 구축되었다. 염전 동쪽 방조제 중앙에 설치된 전망대에 올라서면 3㎞에 이르는 중앙 도로를 따라 들어선 소금 창고와 배후의 태평염전이 한눈에 들어온다. 사진의 우측은 간석지를 보존하여 만든 염생 식물원으로, 강렬한 붉은색의 함초가 자생하고 있으며 갯골도 관찰할 수 있다.

2012. 11.

185 월출산

지형학자들에게 월출산은 화강암의 차별풍화와 차별침식에 의해 능선 곳곳에 나타나는 암괴지형이 늘 관심사가 된다. 정상인 천황봉(809m)을 비롯해 구정봉, 향로봉 등에는 50~100m 높이의 암봉이 발달해 있고, 토르tor라 하는 독립 암괴와 평평한 바위에 작은 웅덩이처럼 파인 나마gnamma가 능선 곳곳에 나타난다. 하지만 이 사진에서 보여 주고 싶은 것은, 하나의 거대한 암체가 평평한 평지 위에 우뚝 선 월출산의 모습이다. 왜냐하면 절리들 사이로 비집고 들어선 나무들 때문에, 일반 사람들은 물론이고 지리학자마저 월출산을 하나의 암체로 보지 못하고 능선 하나하나, 바위 하나하나에 초점을 맞출 수 있기 때문이다.

2011. 10.

월출산을 이루는 암석은 중생대 백악기에 관입한 화강암으로, 대략 3~5km 깊이에서 식은 것이다. 이 암석이 이처럼 높은 고도의 산지를 이루어 주변의 평평한 대지 위에 우뚝 솟아 있다는 것은, 바로 이 암석 자체가 주변의 암석에 비해 풍화 및 침식에 강하다는 것을 의미한다. 나무만 보고 숲을 보지 못하듯이, 월출산에서 미지형의 차별풍화만을 논하는 것은 지형학자들이 흔히 범하는 실수이다. 적절한 조망점을 찾으러 북동쪽에 있는 활성산(498m)을 올랐으나 기대 이하였다. 이 사진은 북쪽에 있는 백룡산(418m) 전망대에서 촬영한 것이다. 새벽에 낀 낮은 안개는 그 속에서는 성가시지만, 고도가 높은 산정에서는 아름답다 못해 몽환적이기도 하다.

186 법성포

법성포는 2가지로 유명하다. 하나는 굴비고 다른 하나는 불교 도래지라는 점이다. 법성포는 작은 반도의 남안에 자리 잡아 북서계절풍을 막을 수 있는 천연의 항구로 고려 때부터 조창이 설치되었고, 조기로 유명한 칠산바다의 기항지로서 한때 파시를 이룰 정도였다. 오늘날 법성포 항구는 수심이 얕아 선박의 출입이 불편할 정도이지만, 여전히 조기를 말려 굴비를 만들면서 '영광굴비'의 브랜드를 유지하고 있다. 최근 법성포 입구에 있는 높이 240m의 대덕산 정상에 오르면 언제든지 중무장한 사진가들을 만날 수 있지만, 표정들이 너무 심각하다.

한편 법성포의 법은 불교를, 성은 성인 마라난타를 의미한다고 하는데, 인도승 마라난타가 384년에 중국 동진을 거쳐 백

2010. 10.

제에 불교를 전하기 위해 처음 발을 디딘 곳이 이곳 법성포이다. 법성포 서쪽 끝 구릉지 아래에는 백제 불교 최초 도래지
에 대한 성역화 사업이 완공되어 많은 사람이 찾고 있다. 법성포에서 사진에 있는 와탄천을 따라 5km 정도를 상류로 가
면 영광군 백수읍 길용리가 나온다. 이곳이 원불교의 발상지인데, 근처에 원불교 성직자를 양성하기 위한 영산선학대학
교가 있다. 이 대학교는 1927년에 설립된 영산학원이 그 모체이다. 우리나라를 대표하는 두 종교의 발상지 근처라 그런
지, 사진 속의 법성포도 예사롭지 않다.

전북

187 대장산에서 바라본 선유도

한반도의 모양을 바꾸어 놓았다는 우리나라 최대의 간척지인 새만금 간척지는 1991년 방조제를 착공하여 2010년에 준
공되었다. 간척사업의 결과 우리나라에서 두 번째로 큰 섬인 거제도 크기에 해당하는 401km²의 간척지가 탄생하였다.
우리나라의 간척사업은 고려 시대 몽골 침입기에 강화도에서 시작되었는데, 토목기술이 발달하기 전에는 간척사업의
규모도 작았고 간척 대상지도 육화되어가는 간석지에 머물렀다. 근래에는 방조제를 축조하고 바다를 매립해 이전과 비
교할 수 없는 규모의 간척지를 조성하고 있다. 간척 대상지 주변에 섬이 있다면 방조제는 육지와 섬을 연결하여 새로운
교통로 역할을 하기도 한다.
고군산 군도는 전북 군산시 옥도면에 속한 일군의 섬들을 일컫는다. 12개의 유인도를 포함해 50여 개의 섬으로 구성되

2019. 6.

어 있다. 33.9km에 이르는 새만금 방조제는 군산–신시도–변산을 연결하였고 이후, 신시도–무녀도–선유도–장자도를
연결하는 국도 4호선 연장 공사가 진행되어 2017년 12월 장자도까지 최종 개통되었다. 과거에는 군산항에서 배를 타고
2시간을 가야만 갈 수 있었지만, 지금은 자동차를 이용해 대장도까지 들어갈 수 있다. 이처럼 접근성이 좋아지자 섬의 곳
곳이 개발되기 시작했고, 소문을 들은 관광객들로 주말, 휴일이면 신시도에서부터 차량이 정체될 정도로 인산인해를 이
룬다. 이 사진은 대장도 대장봉에서 동쪽을 향해 촬영하였다. 대장도와 장자도, 그리고 선유도는 국도가 개통되기 이전
에도 서로 연결되어 있었다.

188 적상산

적상산의 고도는 1,029m이며, 산지와 평지와의 경계는 대략 300m 정도이다. 따라서 고도 300m에서 550m까지는 완경사의 산지로 되어 있고, 550m에서 950m까지는 급경사의 단애를 이루며, 그 보다 높은 정상은 완경사의 평탄면이 나타나는 전형적인 평정봉平頂峰이다. 사진에서 보듯이 약 400m 높이의 급애는 백악기의 적색 사암, 역암, 셰일 그리고 층응회암으로 되어 있는데, 암석의 색상뿐만 아니라 가을철 붉은 단풍이 어우러지면 붉은색이 더욱 두드러진다. 이 모양이 마치 붉은 치마를 두른 것 같다고 해서 적상산赤裳山이라는 이름이 붙여졌다.

산정은 평탄하고 물이 풍부하며 급애로 둘러싸여 있어 과거부터 천혜의 요새지였다. 1374년 최영崔瑩의 요청으로 적상산성이 축성되었고, 1614년에는 『조선왕조실록』을 보관하기 위한 적상산사고가 건립되었다. 최근 들어서는 양수발전에 필요한 물을 담아 두는 인공 호수가 적상산 정상 부근에 축조되었다. 적상산의 전체 모습은 붉은 수평층으로 이루어진 미국 서부 건조 지역의 뷰트butte와 흡사하다. 산체의 당당한 모습을 사진에 담아 볼 요량으로 고속도로 절개지 꼭대기에 올랐다. 함께 갔던 제자들의 난감해하는 모습과 절벽 아래 아찔함, 후들거리던 다리는 아직도 기억이 생생하다.

2002. 10.

2001. 10.

189 무주군 용담구하도

높은 곳에 올라야 평면의 분포와 패턴 그리고 수직의 입체감을 동시에 얻을 수 있다. 우리나라처럼 산세가 완만하고 식생이 정상까지 빽빽이 들어차 있다면, 지오포토를 얻기 위해 높은 곳에 올라도 허탕을 치는 경우가 대부분이다. 설령 산정상에 일반인을 위한 팔각정이 있다 하더라도, 트인 방향이 원하는 방향이 아니거나 바로 앞 나무들로 시야가 가려져 있다면 또 한 번 실망하게 된다. 지오포토도 풍경사진이라 전경이 필요한 경우도 있지만, 주제만 분명하다면 전경-중경-원경과 같은 풍경사진의 일반적인 도식을 꼭 따를 필요는 없다.

급경사의 도로 절개지는 위험하기는 하나 앞이 트여 있어 좋은 조망점이 될 수 있다. 이 사진은 용담댐으로 올라가는 경사길의 절개지 꼭대기에서 무주군 용담면 소재지를 향해 찍은 사진이다. 금강 상류에서 나타나는 하도절단과 구하도의 모습이 생생하게 담겨져 있다. 한편 이 사진은 색상이 지오포토에 필수적이라는 사실을 깨닫게 해 준 사진이다. 납작한 원추형의 녹색 미앤더코어, 추수 직전 노란색의 구하도, 군데군데 보이는 검은색 인삼밭, 밭으로 이용되고 있는 초록색의 하안단구, 이 모두는 자기 고유의 색상으로 구분되어 있다.

190 용담호

용담호에는 용담댐이 있지만 이곳에서는 전기를 생산하지 않는다. 금강 최상류에 건설된 대형 댐이라 홍수 조절 기능도 있겠으나 기본적으로 전라북도와 충청남도의 고질적인 물 부족 문제를 해결하기 위해 만든 댐이다. 용담댐은 1990년에 착공해 2001년에 완공했으며, 댐에는 홍수 조절을 위해 5개의 여수로가 갖추어져 있다. 이곳 물은 직경 3.2m, 길이 21.9km의 도수터널을 통해 전라북도 완주군의 고산정수장으로 보내지면서 금강의 물이 만경강으로 유역을 바꾼다. 도수터널 끝에 있는 수력발전소에서 연간 1억 9800만kW의 전력을 생산한다.

1개 읍, 5개 면, 68개 마을이 수몰되면서, 각종 생활 기반 시설과 문화재가 한꺼번에 물속으로 사라졌고, 댐 주위에 64.4km의 도로가 새로 건설되었다. 사진은 용담호 한가운데 망향탑이 세워진 태고정에서 북쪽을 보고 촬영한 것인데, 22번 지방도로로 지정된 이 도로 역시 새로 건설된 것이다. 용담호는 전주권의 핵심 수원이기 때문에 상수원보호구역으로 지정하는 일이 필수적이었다. 그러나 삶의 터전을 잃은 주민들에게 새로운 제약은 가혹하다는 판단에, 전북 진안 주민들이 직접 수질을 관리하고 법정 수질을 유지한다면 상수원보호구역 지정을 유예하겠다는 묘책을 마련했다.

2013. 8.

191 옥정호 붕어섬

섬진강은 유로 224km, 유역면적 4,896km로 우리나라에서 네 번째로 큰 하천이다. 4대강 사업을 연상해 한강, 낙동강, 금강, 영산강 순으로 생각하기 쉬운데, 영산강은 유로 137km, 유역면적 3,468km²로 섬진강보다 작은 강이다. 전북 진안군 백운면 데미샘에서 발원하여 남해 광양만으로 유출되는 섬진강은, 진안, 정읍, 남원, 임실, 순창, 곡성, 구례, 광양, 하동을 통과한다. 이들 중 하구에 위치한 광양이 인구 15만에 이를 뿐 10만이 넘는 도시는 없다. 또한 하구까지 산지가 근접해 있어 일제강점기 전국적으로 대규모 농지개량사업이 진행될 때에도 섬진강 유역에는 특별한 개발사업이 없었다. 결국 섬진강의 풍부한 수자원은, 대규모 간척사업으로 경지가 확보된 호남지방으로 공급되었다.

호남평야는 동진강 유역의 김제평야와 만경강 유역의 만경평야로 나뉜다. 김제평야는 만경평야와는 달리 유역 내에서 농업용수를 해결할 수 없어 섬진강의 물을 유역 변경하여 이용하고 있다. 이를 위해 1928년 전북 임실군 강진면 운암리에 높이 33m, 길이 613m의 운암제를 설치하고 지하수로를 통해 동진강 유역인 정읍시 산외면 종산리로 배수하여 용수를 공급하였다. 이후 종산리에 운암발전소를 건설하여 1931년부터 발전을 시작하였는데 이는 남한에서 가장 오래된 유역변경식 발전소이다. 1965년 운암제 약 2km 하류에 섬진강댐이 완공되면서 운암제는 옥정호 수중에 잠기게 되었다. 사진의 붕어섬은 섬진강댐 상류에 나타나는 하중도로, 옥정호 수위가 상승하면서 과거 곡류 구간의 낮은 부분이 물에 잠겨 섬이 되었다. 가뭄이 심해지면 붕어섬은 전혀 다른 모습으로 변하고, 심지어 운암제마저 그 모습을 드러내기도 한다.

192 덕유산

남덕유산(1,507m)에서 무룡산(1,492m) 그리고 동업령(1,320m)으로 이어지는 남서-북동 방향의 산줄기는 덕유산의 주
능선 방향이며, 백두대간의 일부 구간이기도 하다. 이 사진은 동업령 부근에서 남쪽을 바라보고 촬영한 것이다. 정면에
우뚝 솟은 봉우리가 무룡산이며, 그 오른쪽 너머 봉우리가 남덕유산이다. 한편 왼편에 멀리 구름 위로 길게 늘어선 산릉
이 지리산 주능선인데, 그중 가장 높은 봉우리가 천왕봉이다. 적설기에 많은 등산객들이 남덕유산에서 북덕유산까지 종
주 등반을 하는데, 보통 그 중간에 있는 삿갓재 대피소에서 하루를 묵는다.
주능선의 양쪽 사면을 따라 깊은 계곡이 발달해 있고, 계곡 곳곳에 폭포가 나타난다. 길이가 무려 30km에 달하는 무주

2009. 2.

구천동은 덕유산을 대표하는 계곡이며, 무주군 안성면 용추계곡에는 용추폭포와 칠연폭포가 유명하다. 덕유산은 남쪽 지방에 있으나 고도가 높아 겨울철에 눈이 많이 온다. 남쪽 지방 최대 스키장인 무주리조트가 덕유산의 최고봉인 북덕유산 향적봉(1,614m) 북쪽 사면에 자리 잡고 있는 것도 그 이유 때문이다. 향적봉은 백두대간에서 약간 벗어나 있는데, 무주리조트의 스키 곤돌라가 정상 부근까지 운행되어 쉽게 오를 수 있다. 덕분에 어린이나 노인들도 겨울 설경을 즐길 수 있다.

193 고남산에서 바라본 운봉고원

전라북도 남원시 운봉면은 해발 400m가량의 고원 지대이자 주변 산지로 둘러싸인 분지이다. 24번 국도를 통해 함양군 인월면 쪽에서 진입하면 비교적 평탄하게 연결되지만, 반대로 24번 국도의 여원재나 743번 지방도의 사치재로 서쪽에서 진입하면 급경사의 산지를 오르다가 갑자기 평탄지가 나타나기 때문에, 이곳이 고원임을 알 수 있다. 운봉고원 북쪽에 위치한 고남산(846m)은 정상부에 통신기지가 들어서 있어 차량으로 접근이 가능하고 정상이 사방으로 뚫려 있어 매우 훌륭한 조망점 역할을 한다. 정상에 오르면 운봉분지가 한눈에 보이고 남쪽의 경계를 이루는 고리봉—세걸산—바래봉 능선과 마주한다. 날씨가 좋을 때는 그 뒤로 지리산 주능선이 보이는데, 사진 중앙부의 봉우리는 지리산 반야봉이다. 운봉고원의 외륜산은 대체로 백두대간에 해당하는데 사진의 오른쪽 멀리 보이는 지리산 고리봉에서 북쪽으로 연결되어 고기리, 수정봉, 여원재를 지나 이곳 고남산으로 연결된다.

2011. 9.

이곳 백두대간은 낙동강과 섬진강의 분수계 역할을 해 운봉고원에 떨어지는 빗물은 대부분 낙동강으로 흘러간다. 그런데 운봉고원의 북쪽과 서쪽의 급사면을 따라 섬진강의 여러 산간 지류들이 운봉고원을 향해 침식해 들어오고 있으며, 이들 하천 중에서 유일하게 운봉고원의 외륜산(낙동강과 섬진강의 분수계)을 뚫고 분지로 진입한 하천이 구룡천이다. 그 결과 과거 낙동강 유역권이었던 고기리, 덕치리의 일부분이 구룡천의 하천쟁탈에 의해 섬진강 유역에 포섭되었다. 하천쟁탈 결과, 운봉고원에는 구룡폭포와 곡중분수계(평지에 만들어진 분수계로 능선분수계와 대비되는 용어)라는 지형적 유산이 남겨져 있다. 따라서 이 원리를 모르는 백두대간 종주자는 이곳 곡중분수계를 따라 잠시 평지 도로를 걸으면서 의아해한다.

194 운봉고원 곡중분수계

여원재를 넘는 24번 국도가 아니더라도 구룡천을 따라 나 있는 60번 지방도로로 남원에서 운봉고원을 오를 수 있다. 운봉고원 초입에 있는 고기삼거리에서 운봉읍 소재지 쪽으로 방향을 잡자마자 오른편에 정령치 웰빙촌이라는 곳이 나온다. 사진은 이 건물 옥상 물탱크 위에서 촬영한 것이다. 도로 양쪽의 고도 차이를 나타낼 수 있고, 도로를 따라 정면의 원평마을과 그 위 수정봉(805m)까지 이어지는 백두대간을 담을 수 있는 유일한 조망점이었다. 사진 전면의 평탄한 농경지는 운봉고원 최상류 지역으로, 운봉고원은 사진 오른쪽 좁은 목을 지나 저 멀리 평지 끝까지 계속 이어진다.

도로 왼편은 섬진강 최상류 지류인 구룡천 유역으로, 구룡천이 두부침식으로 분수계를 넘으면서 과거 낙동강 최상류 구

2011. 9.

간을 쟁탈한 곳이다. 한편 도로 오른편은 여전히 낙동강 유역이다. 구룡천은 급경사의 사면을 따라 활발하게 두부침식을 하면서 분수계를 넘고 하천쟁탈을 하였기에, 완만하게 이어지는 낙동강 최상류 구간보다는 침식력이 탁월할 수밖에 없다. 따라서 도로를 경계로 농경지 바닥의 고도는 왼편이 오른편에 비해 10m가량 더 낮다. 이처럼 분수계가 능선에 있지 않고, 계곡이나 분지 바닥에 나타나는 것을 곡중분수계라 한다. 따라서 백두대간 종주자들은 이 아스팔트 길 위를 지나야 한다.

195 남원시

아날로그를 고집하다 이제는 디지털로 돌아섰지만, 요즘도 간혹 필름으로 사진을 찍어야 할 때가 생긴다. 처음 사진을 찍던 시절, 사진관에 현상을 맡기면 사진관에서는 대도시 현상소로 보내고, 며칠 후 현상된 필름이 도착했다는 연락이 오면 사진관에 들러 찾아오고는 했다. 필름을 자주 맡기자 내 사진을 유심하게 본 사진관 주인은 두 가지를 제안했다. 그 중 하나는 풍경사진의 소재가 독특하니 사진 전시회를 열라는 것이었다. 용기를 얻어 학생회관 라운지와 대한지리학회 발표장 로비에서 전시회를 가졌고, 그 용기가 이 사진집으로 이어졌다. 그때 전시된 사진 중 일부는 이 사진집에 포함되었다.

2005. 12.

다른 하나는 설경 사진을 시도해 보라는 것이었다. 하지만 눈 덮인 산은 춥기도 하거니와 갖추어야 할 장비도 만만치 않다. 또한 눈이 오면 모든 것이 눈에 덮여 사라지므로 특별한 경우가 아니면 설경을 찍지 않았다. 이 사진은 눈 덮인 남원시의 전경을 덕음봉(289m)에서 촬영한 것이다. 남원시를 지나는 88고속도로는 남부 지방을 남북으로 나누는 대구조곡을 따라 만들어졌는데, 사진 왼편에 보이는 섬진강 지류인 요천 역시 북동－남서 방향의 이 구조곡을 따라 흐르고 있다. 남원시는 내륙 깊숙이 자리 잡고 있지만, 구조선을 따라 발달한 도로망 덕분에 중요한 교통 결절지의 역할을 하고 있다.

196 정령치

구례에서 861번 지방도를 따라 성삼재를 넘고 '하늘 아래
첫 동네'라 부르는 심원부락 입구를 지날 때도 여전히 전라
남도 구례군이다. 조금만 더 내려가면 전라남도와 전라북
도의 도 경계가 나오고 그 즈음에 737번 지방도와의 분기
점이 나타난다. 여기서 계속 861번 도로를 따라 가면, 달
궁, 뱀사골 입구, 산내로 가고, 마천과 인월은 산내에서 갈
라진다. 한편 분기점에서 왼편으로 737번 지방도를 따라
급경사를 오르면 남원시 주천면과 산내면의 경계이며, 백
두대간을 횡단하는 고개인 정령치에 이른다. 정령치의 높
이는 예상 외로 1,172m나 된다.

정령치를 아주 좋아하는데, 대략 다음과 같은 이유에서이
다. 우선 자동차로 이처럼 높은 고도에 오를 수 있다는 사
실이 좋고, 지리산 주능선이 파노라마처럼 펼쳐지는 만복
대(1,433m)가 가까워서 쉽게 올라갈 수 있어 좋다. 사진 한
가운데 정자 뒤로 휴게소가 있으나 능선에 가려 보이지 않
으며, 그 뒤로 멀리 보이는 산이 바로 만복대이다. 한때 지
도학생이었던 조선족 유학생에게 2년간 장학금을 준 김용
채라는 고마운 친구가 있다. 보답할 것이 별로 없는 처지
인지라, 그 친구 부부와 함께 성삼재-정령치 구간의 등산
을 안내했다. 서설 속에서 펼쳐진 지리산 주능선의 장관으
로 조금이나마 보답한 것 같아, 그나마 다행이었던 기억이
난다.

2005. 8.

348

백두산

197 천지 1

일반 여행객이 천지 사진을 이처럼 찍을 수 있는 확률은 3대에 걸쳐 덕을 쌓아야 볼 수 있다는 지리산 천왕봉의 일출을 구경할 확률보다 덜하면 덜했지 더하지는 않을 것이다. 이 사진은 내가 찍은 사진이 아니지만, 내 것임에 분명하다. 2002년 여름, 처음으로 오른 백두산은 안개로 아무 것도 보이지 않았다. 무언가 찍어보겠다고 삼각대에 노블렉스(회전식 중형 파노라마카메라)까지 갖추었으나 천지의 물마저 볼 수 없을 정도로 안개가 자욱했다. 낙담해 있는 나를 향해 꾀죄죄한 행색의 소년이 다가와서는 손짓 발짓을 해대면서 무언가를 사라고 했다. 반신반의하면서 그 소년의 어설픈 영어와 몸짓에 주목했다.

2002. 5.

그 소년의 말은, "당신이 가진 노블렉스 카메라로 찍은 필름이 있는데, 한 장에 100달러이고 두 장에 150달러이며, 살 의
사가 있으면 자신을 따라오라"는 것이었다. 물론 필름 한 장에 100달러면 작은 돈이 아니다. 하지만 내가 이곳에 10번을
더 오더라도 제대로 된 사진을 찍을 수 없다는 판단에 필름도 보지 않고 구입하기로 작정했다. 그 후 백두산에 2번 더 올
랐지만 그 당시의 결정이 현명했음은 말할 나위도 없다. 그때 100달러와 중형 슬라이드필름 2통을 가지고 소년을 따라
가서 이 사진의 필름을 사온 당시 학생이 바로 이 책의 공동저자인 탁한명 박사이다. 지금도 간혹 그 당시의 이야기를 하
면서, 하산 길 지프를 놓칠 뻔했던 기억을 더듬는다.

198 천지 2

천지는 화산폭발 후 분화구가 함몰된 자리에 물이 고여 형성된 칼데라호인데, 세계에서 가장 높은 곳에 위치한 산정호수의 하나이다. 천지의 면적은 9.16km²이고, 동서 폭은 3.55km 남북 폭은 4.64km이다. 수심이 가장 깊은 곳은 384m이며, 평균 수심은 213m가량 된다. 이곳 물은 강수와 지하수로 유지되는데, 호수의 물은 외륜산 절개지인 북쪽의 달문을 통해 빠져나와 송화강으로 유입된다. 천지를 둘러싸고 있는 외륜산은 해발고도 2,300m 이상이며 그중에 2,500m가 넘는 봉우리도 20개가량 된다. 이들 봉우리의 대부분은 화산이다.

2002. 3.

앞장에 있는 천지 사진의 필름이 100달러짜리라면, 이 사진의 필름은 중형 슬라이드필름 2통을 주고 덤으로 얻어 온 것이다. 당시 현지 사정으로는 중형 슬라이드필름을 구입하기 어려웠던 모양이다. 그 소년과 함께 몇몇 소년들은 백두산 정상 부근에 있는 기상관측소에서 기거하면서 사진을 찍고 필름을 판매하면서 생계를 유지하고 있었다. 내가 직접 가지 않고 학생을 보낸 것은 어떤 상황이 발생할 경우 당시 20대 중반의 건장한 청년이 40대 중반의 나보다는 민첩하고 슬기롭게 헤쳐 나올 것이라 판단했기 때문이다. 하지만 이런 변명 속에 숨어 있는 중년의 비겁함은 모면할 길이 없다.

2002. 6.

199 천지 3

일반 관광객이 지프를 타고 산악도로를 이용해 백두산이라고 도착하는 곳은 천지기상관측소가 있는 천문봉(2,670m) 부근이다. 또한 도보로 장백폭포를 거쳐 달문에 도착하면 그 동쪽에 있는 봉우리 역시 천문봉이다. 천문봉 부근의 가파른 산등성이에는 사진에서처럼 백색 혹은 미황색의 부석층이 두껍게 쌓여 있다. 부석이란 수증기와 휘발성 가스를 다량 함유한 용암이 공중으로 폭발하면서 식은 것으로, 물보다 비중이 작아 물에 뜨기 때문에 붙여진 이름이다. 부석층에는 화산탄도 포함되어 있으며, 부석층의 두께가 40~60m에 달하는 곳도 있다.

역사 시대에 들어서 몇 번의 대폭발이 있었는데 약 1,400년 전, 약 1,000년 전, 그리고 『조선왕조실록』에는 지금부터 310년 전인 숙종 28년 1702년의 백두산 폭발이 기록되어 있다. 그 후 1903년의 폭발도 역사 기록에서 확인할 수 있다. 백두산 정상 외륜산의 최상층을 덮고 있는 부석층은 이때 쌓인 것으로, 부석층과 함께 분출된 화산재는 멀리 일본의 홋가이도에서도 확인이 된다. 사진 중앙에 노란색 점퍼를 입고 카메라를 든 이가 당시 학생이었던 탁한명 박사이며, 그 앞에 보이는 암주는 198번 사진의 한가운데 바둑이 형상을 하고 있는 그 암주이다.

200 백두산 화산추

백두산 최하단의 지질은 선캄브리아기의 화강편마암류이고, 그 위를 제3기 말에 분출한 현무암이 덮고 있다. 이를 두 시기로 나누면, 초기에 분출한 현무암은 해발 1,000m 고도의 평탄한 백두용암대지를 만들었는데, 대략 동서로 200km, 남북으로 300km가량 된다. 이를 덮고 있는 해발 1,000m에서 1,800m 사이의 경사 현무암은 후기에 분출한 것으로, 순상화산의 형태를 띤다. 그 위에 있는 화산추는 제4기에 분출한 점성이 큰 알칼리 조면암으로 이루어졌다. 일반적으로 백두산은 순상화산과 화산추를 가리키며, 화산추의 정상에 천지가 있다.

2002. 6.

사진은 천문봉 부근에서 북쪽을 바라보고 촬영한 것이다. 사진 앞쪽은 정상 부근이라 부석층 위에 화산탄들이 흩어져 있
는 것을 확인할 수 있다. 사진 오른편에 있는 건물이 기상관측소이며, 달문을 빠져나온 천지의 물은 사진 왼편의 협곡을
통해 송화강으로 빠져나간다. 따라서 천지는 압록강이나 두만강의 원류는 아니다. 협곡의 절벽은 조면암층으로 이루어
져 있고, 주상절리에서 떨어져 나간 암괴들이 절벽 아래 애추를 이루고 있다. 경사진 화산추 표면 위로 삐죽 솟은 것은 측
화산이다. 사진에서 상층 구름이 휜 것은 노블렉스 카메라의 어쩔 수 없는 한계이다.

201 이도백하의 U자곡

등산을 하다 보면 숨이 가쁘고 힘들어 뒤를 돌아볼 겨를이 없다. 하지만 어쩌다 뒤를 돌아보면 예상치 않던 경관이 펼쳐
지기도 한다. 바로 이 사진이 전형적인 예이다. 계곡 정중앙에 멀리 보이는 건물이 악화호텔이다. 보통 이곳에서 출발해
이도백하의 계곡을 따라 오르다 보면 고개가 나타나고, 그 고개를 넘어야 장백폭포가 보인다. 고개를 넘기 전 우연히 뒤
돌아 본 경관이 바로 이것이다. 유럽 알프스, 로키산맥, 일본 알프스, 천산산맥, 안나푸르나에서 봤던, 빙하가 만든 U자
곡이 내 눈 앞에 펼쳐졌던 것이다. 혼자서 감동하면서 셔터를 계속 눌러댔다.

2002. 6.

백두산은 위도가 높고, 고도 역시 높기 때문에 빙하기인 제4기 동안(200만~1만 년) 여러 차례 빙하로 덮였다. 홀로세 혹은 현세란 마지막 빙하기의 대륙빙하가 스칸디나비아 대륙에서 물러간 이후를 말하며, 대략 1만 년 전부터이다. 하지만 산지빙하에 해당하는 백두산의 빙하는 1만 년 전에도 정상부를 덮고 있었고, 거기서 넘친 빙하가 현재의 이도백하를 따라 곡빙하의 형태로 내려오면서 이와 같은 U자곡을 만든 것이다. 한편 천지 가장자리 화구벽을 따라 반원형의 와지가 10여 개 보이는데, 이것들이 빙하에 의한 권곡인지는 확실하지 않다.

361

202 장백폭포

달문을 빠져나온 천지의 물은 천문봉과 용문봉 사이의 비교적 경사가 완만한 승사하(혹은 통천하)를 따라 흐르다가 장백폭포(비룡폭포)에 도착한다. 장백폭포 물은 68m의 수직 절벽을 따라 떨어지며, 한여름에도 폭포 아래에는 지난 겨울의 눈이 남아 있다. 계곡의 양편은 수직에 가까운 절벽으로 둘러싸여 있는데, 이는 암석에 발달한 주상절리와 빙하의 영향이 반영된 결과이다. 또한 동결, 융해가 반복되는 기후 조건 때문에 절벽에서 떨어져 나온 암괴들이 급경사의 절벽 아래 애추를 만들어 놓았다. 애추의 경사는 대략 우리의 체온과 비슷하다.

2002. 6.

이곳 경관은 사람을 압도한다. 관광객이 없고 인공 구조물이 없다면 마치 다른 혹성에 온 것인 양 착각을 일으킬 정도이
다. 폭포 옆으로 희미하게 나 있는 길이 천지로 가는 등산로이다. 겨울철에는 눈으로 덮여 있어 일반인의 접근이 불가능
하고, 눈이 사라지더라도 암석적, 기후적 특성 때문에 등산로 주변이 쉽게 무너져 얼마 전까지만 해도 통행이 가능한 날
이 많지 않았다. 하지만 이제 등산로가 많이 개선되었다고 하니 다시 한 번 가 볼 예정이다. 오래 전 인기 예능 프로그램
1박2일에서 출연자 일행이 천지로 간 루트가 이 등산로이다.

203 부석림

부석 대부분은 대략 1,400년 전부터 현재까지 수차례 있었던 백두산의 마지막 화산분출 시기에 쌓인 것들이다. 천지 주변의 부석층 두께는 40~60m가량 되지만 천지에서 멀어질수록 두께는 얇아진다. 그러나 천지를 중심으로 반경 40km 내의 거의 모든 지점에서 부석을 발견할 수 있다. 특히 과거 열곡이나 계곡에는 상대적으로 두껍게 쌓여, 사진에서 보는 것과 같은 특별한 경관을 자아낸다. 부석은 퇴적된 지 얼마 지나지 않아 미고결 상태이므로, 하천의 유수뿐만 아니라 빗물이나 지표 유출에도 쉽게 침식을 받는다.

이곳은 장백산 협곡 부석림 풍경구로 지정된 관광지로, 협곡의 길이는 무려 5km가량 된다. 하지만 돌기둥이 장관을 이루고 있는 구간은 그다지 길지 않다. 부석층의 두께는 30m가량 되고, 돌기둥 중 긴 것은 10m가 넘는다. 이와 같은 부석층 노두는 백두산의 화산활동 규모와 횟수를 알 수 있는 좋은 자료가 된다. 왼편 적갈색 토양은 부석층이 토양화된 것이며, 돌기둥 위에 서 있는 나무들이 인상적이다. 안내하는 아가씨가 무슨 마음을 먹었는지 특별히 나만 좋은 장소로 안내한 덕분에, 다른 일행들이 찍지 못했던 사진을 얻을 수 있었다. 아마 당시 가지고 있던 마미야 7Ⅱ 덕분에 전문가로 보였던 모양이다.

2002. 6.

2002. 6.

204 일송정

옌볜조선족자치주의 룽징시龍井市 서쪽으로 약 3km 떨어진 비암산琵岩山 정상에 있는 정자이다. 원래 이 산 정상에 소나무가 한 그루 있었는데, 그 모양이 정자를 닮았다고 해서 붙여진 이름이 바로 일송정이다. 일제강점기에 룽징시는 독립운동가들이 활동하던 곳이었으며, 산 정상에 독야청청한 모습으로 우뚝 선 소나무가 독립 의식을 고취하던 상징이었다고 한다. 윤해영의 노랫말에 조두남이 곡을 붙인 가곡 "선구자"에 나오는 '일송정 푸른 솔'이 바로 그 소나무였다. 1938년 일제日帝는 이 소나무를 고사시킨 것으로 전해지고 있다.

1991년 룽징시 당국은 한국의 각계 인사들의 후원으로 옛 자리에 소나무를 다시 심어 복원했으며, 그 자리에 현재의 정자를 세웠다. 정자에 오르면 룽징시 일대의 만주 벌판이 한눈에 들어오며, 룽징시 반대편으로는 해란강과 평강평야가 일망무제로 펼쳐져 있다. 이곳을 찾았을 때는 2002년 한일월드컵이 열리던 6월 하순이었다. 한국의 남부지방에 장마가 막 시작된 시점이라, 이곳 날씨는 여행 기간 내내 화창했다. 이 사진은 등산로에서 약간 벗어난 또 다른 봉우리에서 촬영한 것이며, 사진 왼편 멀리 평원 위로 뾰족하게 솟은 봉우리들은 측화산으로 판단된다.

205 해란강

가곡 "선구자"에 나오는 '한 줄기 해란강'의 해란강이 바로 이 강이며, 이 일대를 평강평야라 한다. 사진을 자세히 살펴보면, 지형 조건이 토지 이용을 결정하고 있음을 확인할 수 있다. 즉, 하천을 중심으로 좌우로 가면서 하천-자연제방(논농사)-범람원(논농사)-경계부(취락)-구릉지(밭농사)의 패턴이 대칭을 이루고 있다. 나무가 심겨진 제방 사이를 흐르고 있는 현재 하천은 논농사를 짓고 있는 범람원과 뚜렷이 구분된다. 하지만 원래 하천은 넓은 범람원을 관류하던 망류 혹은 곡류 하천으로, 구하도의 흔적을 범람원 곳곳에서 확인할 수 있다.

2002. 6.

당시 일행들 앞에서 했던 이야기가 생각난다. "만일 이곳 논농사가 조선에서 온 이주민들이 시작한 것이라면, 처음에는 홍수의 피해가 적은 구릉지 경계부에 취락을 이루고 구릉지에서 밭농사를 짓다가, 그 후 하천에 제방을 쌓고 하폭을 줄이면서 범람원을 개간했고, 그와 동시에 범람원 내에서 고도가 높은 자연제방에 취락을 형성하였고 범람원 전체를 논농사 지역으로 완전히 개간하면서 현재의 모습이 되었다. 이 같은 패턴은 우리나라에서도 나타난다." 이는 우리나라 농경지 개척사에 관한 나의 가설이지만, 아마 영원히 증명하지 못할 것 같다.

방천 일안망삼국

중국과 북한과의 경계인 두만강을 따라 동쪽으로 가면 훈춘시珲春市 방천이라는 곳에 도착한다. 이곳은 민간인이 갈 수 있는 동쪽 끝으로, 우리나라 사람들이 즐겨 찾는 전망대 건물이 하나 있다. 정확한 전망대 이름은 모르겠으나, 우리들에게는 일안망삼국이라 알려진 곳이다. 일안망삼국一眼望三國, 즉 한눈에 세 나라를 볼 수 있는 곳이라는 뜻이다. 사진 중앙에 철책이 보이며 이를 따라 S자 모양의 기다란 나지가 하천(두만강)까지 이어지는데, 이것이 바로 러─중 국경선이다. 왼편이 러시아이고 그 오른편이 중국이다. 또한 멀리 보이는 두만강 철교 오른편 육지가 북한 땅이다.

2002. 6.

철교는 북한의 두만강시 홍이리와 러시아의 하산Khasan을 연결하는 철도인데, 북한의 나진-선봉지구 개발과도 맞물려 있는 중요한 철도이다. 사진 중앙의 습지는 대하천 하구에 나타나는 자연형 습지이며, 그 뒤에 있는 마을이 러시아의 하산이다. 왼편 멀리 보이는 산은 이순신 장군의 초임 군관 시절 주둔했던 녹둔도라는 섬인데, 두만강의 퇴적으로 육지와 연결되었다. 녹둔도는 과거 우리 땅이었으나, 현재는 러시아의 영토에 속한다. 사진은 전망대에서 노블렉스 카메라로 촬영한 것인데, 요즘 이 정도의 파노라마 사진은 디지털 사진 몇 장을 합성하면 된다.

207 장군총

중국 지린성吉林省 지안현集安縣 퉁거우通溝의 룽산龍山에 있는 고구려 시대의 돌무지적석무덤이다. 장군총은 규모가 태왕
릉太王陵, 천추총千秋塚 다음으로 큰 초대형 무덤인데다가, 돌무지무덤 중에서도 형체가 가장 잘 남아 있기 때문에 더욱 유
명해졌다. 이 무덤이 일본인 학자에 의해 학계에 처음 알려진 것은 1905년이다. 이 무덤의 주인공에 대한 논쟁은 지금도
계속되고 있는데, 중국 측에서는 태왕릉을 광개토왕릉, 장군총을 장수왕릉으로 보고 있지만, 고분의 유품이 모두 도굴당
하였기 때문에 추측에 의존하고 있다.

2002. 6.

태왕릉과 마찬가지로 장군총 역시 정사각형 피라미드 형식으로 모두 7층으로 축조되었다. 여기서 7층이란 이집트의 피라미드와는 달리 계단식으로 축조되어 7개의 단으로 이루어져 있음을 의미한다. 따라서 사진에서 대부분의 사람들이 서있는 곳은 4층이다. 모두 1,100여 개에 달하는 석재는 화강암을 규격에 맞게 자른 다음 표면을 정성스럽게 갈아서 만들었다. 또한 적석이 밖으로 밀려 나가지 않도록 높이 약 5m가량의 거대한 호분석護墳石을 각 면에 3개씩 기대어 세웠다. 사진에서는 장군총의 계단 형상과 거대한 호분석을 효과적으로 담으려 했다.

2002. 6.

208 호태왕비

우리에게는 호태왕보다는 광개토대왕으로 더 잘 알려진 고구려 19대왕(재위 기간 391~413년)의 비석으로, 비각의 현판에는 한자로 호태왕비好太王碑라 쓰여 있다. 중국 지린성吉林省 지안현集安縣에 있는 이 비는 원래 비석만 있었으나, 사진에서 보듯이 1982년 중국 당국이 만든 단층형의 대형 비각 아래 보호되고 있다. 사진을 찍은 당시에는 외부 차단벽이 없었으나, 지금은 유리로 된 차단벽이 만들어져 실내에 모셔져 있다. 이 비는 높이 6.39m의 기다란 비신과 대석으로 되어 있으며, 이 일부가 땅속에 묻혀 있다. 비는 가공이 거의 안 된 자연석이며, 암질은 각력응회암이다.

1,770여 자로 된 비문이 세상에 알려진 것은 1880년대이며, 모두 세 부분으로 되어 있다. 첫째는 고구려 건국 신화, 선대왕의 세계, 광개토왕의 행장에 관한 것이고, 둘째는 광개토왕의 정복 활동과 영토 관리에 관한 것이며, 마지막은 능을 관리하는 수묘인에 관한 내용이다. 문제는 두 번째 부분인데, 일본은 그들이 주장하는 임나일본부설의 근거를 여기에서 찾고 있다. 이러한 주장에 대해 다양한 반론이 있지만 여기서 논할 사항은 아니다. 하지만 사료가 극히 부족한 현실에서, 이 비문이 동북아시아 고대사를 이해하는 데 중요한 역할을 하는 사료인 것만은 분명하다.

지오포토, 그 의미와 기법

포토그래피, 지오그래피, 그리고 카토그래피

'지오포토'는 지오그래피geography와 포토그래피photography의 합성어이다. 지오그래피와 포토그래피는 우리에게 비교적 친숙한 단어인데, 지오그래피는 '지리' 혹은 '지리학', 포토그래피는 '사진' 혹은 '사진학'으로, 하나의 단어가 학문 혹은 그 대상에 대해 같이 사용된다. 따라서 지오포토는 굳이 우리말로 표현하자면 지리사진이 되지만 지리학을 전공하는 사람인 나마저 어색하니 더 적당한 말이 나오기까지 그냥 지오포토를 계속 사용할까 한다. 그렇다고 지오포토를 정의하지 않고 그냥 넘어갈 수는 없다. 지오포토는 글자 그대로 '지리학적 콘텐츠를 담은 사진' 정도로 정의해 볼 수 있지만, 이걸로는 뭔가 조금 부족하다. 그 개념을 좀 더 명확하게 하기 위해 미국 대통령 에이브러햄 링컨의 연설문에서 아이디어를 얻어, photography by geography, for geography, of geography라고 정의하면 어떨까? 즉, 지오포토란 지리학자가(by) 지리학적 소통을 위해(for) 지리학적 콘텐츠를 담은(of) 사진이라고.

사진이 회화, 지도에 이어 지리학의 시각화를 위한 제3의 도구로 등장한 것은 그리 오래되지 않는다. 사진 그 자체의 역사가 일천한 것이 그 주된 이유일 것이다. 실제로 프랑스의 무대 디자이너인 다게르Daguerre와 영국의 아마추어 미술가인 탈봇Talbot이 우연히도 같은 해에 각각 자연으로부터 이미지를 직접 담아 내는 도구, 다시 말해 사진의 원리를 발표한 것이 1839년의 일이기 때문이다. 하지만 도시화와 산업화 그리고 식민 제국주의라는 19세기의 시대적 상황에 발맞추어 국내뿐만 아니라 외국의 각종 자료를 수집, 분류, 통제하는 도구로서 사진의 위력은 상상 그 이상이었다. 즉 기선, 철도, 전신이 세상을 물리적으로 가깝게 만들었다면, 사진은 시각적으로 그리고 개념적으로 세상을 더욱 가깝게 만들었던 것이다. 그 후 사진의 예술성에 관한 논쟁, 시각과 근대성에 관한 논쟁, 디지털화에 의한 급격한 기술적 진보 등, 쉽지 않은 여정을 거쳐 오늘에 이르렀지만, 사진은 여전히 사람들이 세상과 관계를 맺는 강력한 도구임에 틀림없다. 슈워츠와 라이언(Schwartz and Ryan, 2009)의 말을 빌자면, 우리는 사진을 통해, 보고, 기억하고, 상상하면서, 장소를 그려나간다.

포토그래피와 지오그래피의 관계를 이해하는 한 가지 매개로서 지리학적 상상력이라는 개념을 도입해 보고자 한다. 지리학적 상상력, 아주 매력적인 용어임에도 불구하고 문화적, 사회적 함의 속에서 이를 이해하는 일은 쉽지 않다. 우선 이 분야의 대가인 하비(Harvey, 1990)의 말을 빌려 이야기를 전개

해 보면, 그에게 지리학적 상상력이란 공간, 장소, 경관의 정치적, 사회적, 문화적 의미를 바탕으로 삶을 구성하고 이에 의미를 부여하는 정신적 행위를 말한다. 또한 사람들은 이를 통해 공간을 창조적으로 꾸미거나 사용하고, 다른 이들이 만들어 놓은 공간의 형태에 대해 그 의미를 재평가한다. 좀 더 쉽게 이야기하자면, 사람들이 세계를 이해하고 스스로를 시공간 속에 자리매김하는 메커니즘, 즉 세상을 읽는 또 다른 눈으로 해석할 수 있다. 학문 세계에서 지리학적 상상력은 지리정보를 수집하고, 지리학적 사실에 질서를 부여하고, 이들을 상상력이 풍부한 지리학으로 구성해 나가는 일련의 과정이나 행위로 이어지는데, 이러한 행위 중의 하나가 바로 사진이라고 한다면 지나친 비약일까?

물론 이렇게 정의한다 하더라도 이 정의를 학문적으로 담보할 만한 근거는 빈약하다. 왜냐하면, 국내뿐만 아니라 외국의 경우에도 지리학과 사진과의 관계에 관해 명확한 이론화를 시도한 적이 거의 없기 때문이다. 이럴 경우 인접 분야에서 아이디어를 차용해 논의를 이어나갈 수 있는데, 카토그래피와 지오그래피와의 관계, 즉 지리학에서 지도의 역할에 관한 이론이 그것이다. 지도학은 지도제작 이론과 지도발달사를 포괄하는 독립된 학문 분야로 그 특성상 지리학과 밀접한 관계를 유지하면서 발전해 왔다. 하지만 지도의 역할과 기능에 대한 본격적인 논의는 1960년대 들어 비로소 시작되었는데, 그것이 바로 커뮤니케이션 이론이다. 그러나 커뮤니케이션 이론에서는 지도의 역할을 지리학적 커뮤니케이션의 도구로 한정시켜 지도의 기능성만 강조한 나머지, 그 이후 등장한 컴퓨터, GIS, 원격탐사 등에 의한 대용량 지리정보, 과학적 시각화 등 새로운 지도학 환경에서 요구되는 지도의 역할을 성공적으로 수행하기에는 역부족이었다.

최근 과학적 시각화를 위한 도구로서 지도의 기능이 새로이 강조되면서, 지리적 시각화라는 개념이 대두되고 있다. 컴퓨터 그래픽을 기본 도구로 사용하여, 공간적 패턴, 관계, 특이 현상 등을 확인하여 새로운 과학적 시각을 얻고, 이를 통해 새로운 시각에서 문제를 재구성하는 것이 지리적 시각화의 목적이다. 따라서 지도란 분석된 결과만을 전달하는 도구가 아니라 분석의 이전 단계인 자료의 검색, 가설의 설정, 자료의 분석에 이르기까지 다양하게 이용될 수 있다는 주장이다. 결국 지도를 통한 지리적 시각화는 지도학의 새로운 관점이 아니라, 어쩌면 커뮤니케이션 이론의 도입으로 서로 다른 길을 걸어 왔던 지도학자와 지리학자들이 지리적 시각화를 통해 두 학문 간에 연계를 새로이 재정립하는 계기가 될 것으로 생각된다. 이처럼 지리학에서 지도의 역할은 긴 세월 동안 무수한 논의를 거쳐 구체화된 것이라, 사진에 대해서도 지도의 경우와 같은 정교한 틀을 당장 요구하는 것은 무리이다. 지리적 시각화의 도구로서 사진에 대한 논의는 이제 시작에 불과하며, 이 사진집이나 여기에 실린 이 글 역시 이러한 노력의 일환이라 생각한다. 왜냐하면 사진은 지리학적 소통을 위한 도구로서 지도와는 또 다른 매력과 가능성을 지녔다고 확신하기 때문이다.

포토그래피, 카토그래피, 지오그래피, 이 세 단어 모두 '기술하다' 혹은 '나타내다' 등을 의미하는 '그래피graphy'라는 접미어를 달고 있어, 세 분야 모두 '무언가 보여 주려는' 본능이 잠재하고 있다고 볼 수 있다. 좀 어렵게 표현하자면 이들 분야는 시각화와 태생적 연관성을 갖고 있음을 알 수 있다. 'graphy'가 붙은 또 다른 단어로는 caligraphy서예, orthography철자법, oceanography해양학 등이 있는데, 이들 역시 무언가를 시각적으로 보여 주려는 분야임에 틀림없다. 그렇다면 사진, 지도, 지리, 이들이 보여 주려는 것은 무엇일까? 그것은 다름 아닌 바로 우리들의 세상인데, 그것이 물리적 세계일 수도 있고, 인간이 활동하고 있는 현장 속의 삶일 수도 있다. 관심을 갖는 공간의 크기는 작은 촌락에서 대도시, 국가, 대륙, 전 지구까지 다양하며, 아무리 좁은 공간이라 하더라도 그곳에 담긴 모든 것을 보여 줄 수 없다는 한계도 지니고 있다. 한편 일반인들은 사진이나 지도의 정확성, 사실성, 과학성 등에 무한한 신뢰를 보내지만, 이들이 늘 객관적이지도 과학적인 것도 아니다. 왜냐하면 이 역시 사람이 하는 일이라, 무엇을, 어떻게 보여 줄지를 결정하는 '선택의 주관성'이 상존하기 때문이다. 또한 사진, 지도, 지리가 지닌 매체로서의 물리적 한계 역시 염두에 두어야 한다.

우리는 복잡한 세상을 설명하기(보여 주기) 위한 도구로 모형을 이용하기도 하고, 구조화된 이론을 내세우기도 한다. 이때 일반화, 추상화의 정도가 높아질수록 실제는 사라지고 그 구조만 남는데, 이러한 원리는 세상을 보여주는 매체인 사진, 지도, 지리에도 똑같이 적용될 수 있다. 추상화, 일반화의 정도가 낮은 것부터 늘어놓는다면, 아마 사진, 지도, 지리의 순이 될 것이다. 하지만 사진의 경우 공간에 관한 추상화와 일반화의 정도, 개념화와 법칙화의 정도가 낮다는 것은 어쩌면 하나의 장점이 될 수도 있다. 고담준론을 거친 거대 이론화에 실패했고 더군다나 각종 미디어 정보의 홍수 속에서 지리정보의 위상 정립마저 실패한 지리학에게, 현장성과 사실성이 담보되는 사진이야말로 지리학의 대중성 확보를 위한 하나의 가능성으로 제시될 수 있지 않을까? 이것이 바로 지리학에서 사진의 가치를 새로이 찾으려는 이유이기도 하며, 개인적으로 이러한 사진집을 위해 긴 세월의 수고를 마다하지 않는 이유이기도 하다.

본격적으로 지리학과 사진과의 관계를 살펴보기 전에 사진 그 자체에 대한 이해가 선행되어야 할 것이다. 앞서 이야기했듯이 사진이 등장한 지 150년이 훨씬 더 지난 현재, 예술로서의 사진, 시각과 근대성과의 관계에서 사진의 역할 등 끝없는 그리고 해결될 수 없는 논쟁에도 불구하고, 또한 이미지 기술의 엄청난 발전에도 불구하고, 사진은 여전히 주변 세계와 소통하는 강력한 도구임에 분명하다. 시대 변화와 함께 사진에 관해 두 가지 생각이 공존하고 있음을 발견할 수 있다. 그 하나는 사실주의와 진실성에 관한 믿음이다. 시대와 순간의 현장으로서 사진은, 그 목적이 포괄적 지식의 추구이든, 식민 행정부의 임무이든, 사실을 수집하고 분류하고 규제하려는 19세기의 열정이나 경험주의에 잘 어울리는 아주 이상적인 도구였다. 또 다른 하나는 사진 역시 선택이 요구되는 도구이므로 주관성을 배제할 수 없다는 사실이다. 사진이란 시각적 이미지이고 역사적 문건이며 장소에 대한 선택적 결과물인데, 마찬가지로 사진을 찍는 행위 역시 사회적으로 구조화되고 문화적으로 구성된, 역사적 상황 속의 작업인 것이다. 최근 들어 인문사회과학에서는 그 관심이 문화적인 것에서 시각적인 것으로 바뀌고 있다고 하는데, 이것 역시 디지털 기술의 발달과 더불어 가장 근대적 시각 도구인 사진에 대한 관심이 증가한 데 그 이유가 있다. 또한 이전과 달리 사진기와 사진을 언제든지 손에 넣을 수 있고 조작 역시 간편해, 이제 그것들이 전문가의 영역에서 완전히 벗어나게 된 것도 한몫을 하였다.

지리학자들은 시각적 도구로서 사진의 가치와 유용성에 대해 오래전부터 인지해 왔는데, 만약 그렇지 않다면 오히려 이상한 일이다. 다음의 몇몇 지리학자들의 언급은 이와 같은 사실을 더욱 뒷받침해 준다.

다나카 가오루(田中薫 , 1960)
"지리학만큼, 카메라를 중요하게 이용하는 학문 분야는 없다."

스탬프(D. Stamp, 1960)
"사진은 교육의 장에서 인쇄된 문자로는 전달할 수 없는 것을 가르치기 위한 자료다."

이-푸 투안(Li-Fu Tuan, 1979)
"시각적 매체는 무엇보다도 지리학에서 그 진가를 인정받을 수 있다."
"슬라이드를 사용하지 않는 강의는, 유해 없이 진행하는 해부학 강의만큼이나 이례적이다."

여기서는 주로 지리교육과 관련된 사진의 유용성에 천착하고 있다. 지리학에서 사진의 역할을 보다 확장하고 구체화하여 하나의 사진 장르로 발전시킨 이가 바로 이시이 미노루石實이다. 그는 『寫眞·工業地理學入門』(2005)에서 "지오포토(지리사진)란 학술사진의 일부로, 지리학의 연구나 교육을 위해 사용되는 사진을 말한다. 지리적으로 의미가 있는 사상이나 장소의 파악, 또는 지표 현상의 분석에 이용되기도 하고, 그것을 전달하는 수단이 되기도 한다"라고 밝히고 있다. 여기서 우리는 그가 사진의 역할을 커뮤니케이션의 도구에 한정시키지 않고, 지리적 시각화를 위한 도구로까지 사진의 위상을 확대하고 있음을 알 수 있다.

피에르 구루(Pierre Gourou, 2010)는 지리학자들의 관심을 다음 네 가지로 구분한 바 있다. 첫째, 왜 경관은 지금의 모습을 하고 있는가? 둘째, 그것은 다른 모습으로 존재할 수 없는가? 셋째, 앞으로 우리는 상이한 물리적 조건 속에서 유사한 인간적 경관을, 또는 유사한 물리적 조건 속에서 다양한 경관의 변화를 보게 될 것이다. 넷째, 경관의 중대한 전환을 초래하는 역행도 보게 될 것이다. 이 네 가지는 현재 삶의 다양한 모습과 그 원인을 '보려는' 지리학자 공통의 관심사일 것이다. 지리학자는 해법이 존재한다고 주장하는 특정 학설을 통해서가 아니라, 풍부한 질문을 통해서 세계를 이해하려 한다. 그 결과는 운이 좋아 하나의 개념어로 표현될 경우도 있지만 개념화까지는 아니더라도 분명히 실재하는 그 무엇을 담는 그릇의 하나로 사진을 상정한다면, 이것이 지금까지 논의해 온 지오포토의 실체가 아닐까 한다. 지오포토라 해서 특별한 사진은 아니다. 더군다나 사진을 잘 찍기 위한 여러 가지 원리나 원칙을 벗어나서도 안 된다. 다만 풍경사진과 마찬가지의 소재를 찍었다고 해도, 사진의 정보, 더 엄밀히 말해 지리학적 정보의 전달에 더 중점을 두는 사진을 말한다. 즉 지리학자에 의해 인지된 지리학적 개념을 재현하고 있거나, 아니면 그것을 반증하는 사진이라는 점에서 지오포토는 일반적인 풍경사진과는 차별성을 지닌다.

한편 지리학적 개념이라 할 때 그것이 아주 거창한 내용인 것은 아니다. 초등학교 사회 시간에 배운 개념들은 중학교, 고등학교, 대학교를 거치면서 사족이 붙고 개념과 개념 간에 관계를 찾으려다 보니 복잡하게 보일 수 있으나 그 개념 자체가 바뀌지는 않는다. 지오포토에서 관심을 갖는 지리학적 개념은 실제로 지표경관을 구성하고 있는 다양한 경관 요소들이 보여 주는 독특한 위상이나 배열을 말한다. 따라서 의미 있는 지오포토를 만들기 위해서는 특징적인 기복 차, 형상, 색상, 규칙성, 반복성, 크기, 패턴 등등 정성적 시각 변수에 관심을 가져야 한다. 그 결과 더 이상의 설명 없이도 사진만으로 그것이 어떤 지리학적 개념을 말하려는지 알 수 있는 사진이 바로 지오포토에서 추구하는 궁극적인 목표가 될 수 있다. 예를 들어 낙동강 삼각주 사진을 보여 주고는 무엇이냐고 물었을 때, 아무런 배경 설명 없이도

'삼각주'라는 대답이 나올 수 있는 사진이어야 한다는 말이다. 물론 처음 그 개념을 배울 때 최고의 지오 포토를 접하지 못했다면, 사진 속의 삼각주를 자신의 인식 속에 남아 있는 프로토타입과 유사한 범주로 인식하지 못할 수 있다. 따라서 제대로 된 지오포토는 지리학적 상상력을 위해 필수적이며, 그런 사진 을 확보하지 못했다면 오히려 지리학적 정보의 전달에 방해가 될 수 있다. 결국 서두에서 미리 나온 감 이 있었지만, 지오포토란 지리학자가(by) 지리학적 소통을 위해(for) 지리학적 콘텐츠(of)를 담은 사진 이라는 정의는 지금까지의 논의에서 나름의 유용성을 담보하고 있다고 볼 수 있다.

우리는 지리학적 개념을 담기 위해 사진을 찍지만, 당시의 그 느낌은 온데간데없고 무미건조한 사 진만 남아 허탈해 하거나, 자신의 사진 솜씨 혹은 사진기를 탓하는 경우가 종종 있다. 이는 일차적으로 우리의 시각과 사진과의 차이에서 비롯된 것이다. 우리의 눈은 매력을 느끼는 요소들만 선택적으로 관 심을 가진다. 다시 말해 다양한 자연 요소들이 복합적으로 나열되어 있는 경관 속에서 지리학적 개념에 만 주목하고 그 주변의 여러 요소들에 대해서는 무시해 버린다. 사진은 자신이 담을 수 있는 모든 것을 담는다는 점에서 선택적 시각과는 차원이 다르다. 또한 사진은 2차원적인 표현이기 때문에 실제 세계 에 대해 사진을 찍으면 3차원적 요소 중 하나가 자동적으로 제거된다. 더군다나 현장이 지니고 있는 다 른 감각적 요소(소리, 냄새, 맛 등)도 함께 사라져 버려 현장감이 제대로 전달될 수 없다. 따라서 지오포 토를 위해서는 지리학적 개념을 보완할 수 있는 사진적 요소뿐만 아니라 사라져 버린 감각들을 환기시 킬 수 있는 또 다른 자연 해석이 요구된다. 논의가 계속될수록 점점 더 미궁으로 빠져드는 느낌이지만, 그렇다고 포기할 수 없는 문제이다. 왜냐하면 지리학의 미래가 늘 열려 있는 것도 아니며, 현재 사진만 한 대안도 쉽게 찾을 수 없기 때문이다.

시각의 선택성이 피할 수 없는 것이라며, 선택적 사진 촬영은 이에 대처하는 또 다른 해법이 될 수 있 다. 촬영에 즈음해서 어떻게 찍을까 하는 선택적 행위를 이시이 미노루(2005)는 "지리 풍경을 잘라내 는 작업"이라 했는데, 이러는 과정을 통해 지리학적으로 의미가 있다고 생각되는 사물, 혹은 대상만을 선택하게 된다. 물론 여기서 그쳐서는 곤란하다. 사진 프레임 속의 무엇이 지리학적이냐는 질문이 다시 금 요구된다. 왜냐하면 실제 사진 속에 촬영자가 의도했던 지리적 개념이 제대로 드러났는가를 상호 확 인하는 피드백 과정이 요구되기 때문이다. 실제로 지오포토를 찍는 지리학자들은 제대로 된 사진에 대 해 늘 부담을 갖고 있는데, 찍은 사진이 항상 마음에 들지 않는 첫 번째 이유는 프레임 속에 가능한 한 많은 것을 담으려는 욕심 때문이다. 물론 주제는 담아야 한다. 하지만 주제를 설명할 것이라 예상했던 각종 부제들이 모두 사진에 담긴다면 주제는 점점 작아지고 부제들이 곳곳에 나열되어 사진의 정보 전 달력은 줄어들고 만다. 지오포토도 다른 사진과 마찬가지로 광활하게 펼쳐진 공간에서 한 부분만을 절취하는 것이다. 이는 고개를 돌려 좌우, 상하를 둘러보면서 인상적인 내용만 선택적으로 바라보는 인간의 시각 행위와는 완전히 다르다. 따라서 사진 촬영의 첫 단계는 적절한 위치를 찾아 프레임 속으로 어디서 어디까지를 포함시킬 것인가를 결정하는 것으로, 이 과정의 성공 여부에 따라 지오포토로서의 가치가 결정된다. 이렇듯 지리학자에게 사진과 사진기는 좋은 수단이자 동반자이지만, 동시에 부담스런 업보이자 감시자이기도 한 것이다.

누군가가 선택적 사진 촬영 과정을 뺄셈의 법칙으로 설명하는 것을 읽은 적이 있다. 그림은 백지 위에 구성 요소를 하나하나 더해 나가는 작업이지만 사진은 프레임 속에 불필요한 부분을 제외시키는 작업으로, 구성 요소가 적을수록 사진의 이미지는 강력해진다. 따라서 지오포토에서는 주제만이 한가운데 부각된 사진도 무방하며, 부제는 미학적, 예술적, 형식적 측면에서 주제나 프레임 전체를 안정감 있고 밀도 있게 만들어 주는 정도를 넘어서는 곤란하다. 눈앞에 펼쳐진 드넓은 풍경을 잔가지 치듯이 뺄셈 법칙으로 복잡한 화면을 정리하면서 사진에 담을 요소를 선택한다. 하지만 이것만으로는 부족하다. 이제 덧셈의 법칙으로 들어간다. 즉 풍경의 밋밋한 평면 구도에서 벗어나 원근감 및 사진의 생동감을 위해 더 좋은 촬영 포인트를 찾아야만 한다. 결국 좋은 지오포토의 기본은 지리학자가 지리학적 개념을 사진 속에 정확하게 담는 것이다. 게다가 보기 좋은 떡이 먹기에도 좋다고, 프레임 속에서 주제와 부제가 만들어 내는 대비, 조화, 안정, 균형 역시 포기할 수 없는 사진 매체의 속성이다.

한편 지오포토는 포토저널리즘의 입장에서 보도사진과 유사한 측면이 있다. 보도사진처럼 한눈에 즉각적으로 감동과 공감을 불러일으킬 수 있는 사진이라면, 그 사진은 오래도록 잔상에 남고 스스로 혹은 교육적 목적을 위해 그 현장에 가보려는 강한 욕구를 불러일으킨다. 지오포토라 해도 일반적인 사진에서 요구하는 최소한의 요구는 반드시 따라야 한다. 정확한 초점, 적절한 노출, 균형 잡힌 구도, 분명한 주제 등등. 하지만 지오포토는 일반사진, 그중에서 풍경사진과는 그 괘를 달리한다. 가장 분명한 차이점은 사진이 담고 있는 메시지이다. 풍경사진이라고 영상미, 즉 아름다움만을 추구하는 것은 아니다. 풍경사진작가는 절묘한 순간에 포착한 빛, 색상을 통해 자연의 아름다움을 추출해내고 그를 통해 자신만의 메시지를 사진 관객에게 전하려 한다. 이때 그 메시지가 사진에서 확연하게 드러나 사진을 보는 누구든지 알 수 있어도 좋지만, 그 메시지를 추상화시켜 모호하게 표현하더라도 상관이 없다. 하지만 지오포토는 그 메시지가 분명해야 하고, 가능하다면 누구든지 즉석에서 동일하게 인식할 수 있어야 한다. 다시 말해 무엇을 말하려는지 명확하고 직설적으로 표현해야 한다는 것이다. 따라서 지오포토는 형식적 측면에서 사진의 기본을 따르고 있지만 예술성이 강조되어 해석이 달라질 수 있는 요인들을 가급적 배제해야 한다.

지리학과 사진에 대해 이렇게 길게 이야기를 끌고 왔지만 결국 손가락 사이로 모래가 빠져나가듯 아무 것도 건지지 못한 채 글을 맺어야 할 단계에 이르렀다. 마지막으로 좋은 지오포토를 위한 두 가지 제안으로 글을 마감하려 한다. 첫째는 지오포토 역시 결국 지리학자들의 몫이라는 사실이다. 작금의 시대는 영상물의 홍수 속에 떠다닌다고 해도 과언이 아니다. 세계적인 사진가들의 영상이 인터넷을 타고 전 세계적으로 실시간에 유통되고 있는 것이 현실이다. 하지만 이 모두를 지리학적 소통을 위한 사진으로 이용할 수 없는데, 왜냐하면 이들 사진이 지리학적 개념을 전제로 촬영한 사진이 결코 아니기 때문이다. 그렇다고 지리학자들이 무턱대고 찍는다고 모든 게 해결되지는 않는다. 수준 높은 사진에 길들여진 소비자들은 아무리 지오포토라 해도 아름답지 않은 사진은 쳐다보지도 않는다는 사실을 명심해야 할 것이다. 둘째는 지오포토를 관리하는 시스템이 필요하다는 사실이다. 각종 지리 교과서에는 출처가 불분명한 사진에서부터 그것이 무엇을 의미하는지 모를 모호한 사진까지 아무런 검정 시스템 없이 게재되고 있는 것이 현실이다. 이러한 사진들은 지리학의 학문적, 대중적 소통에 오히려 방해가 될 뿐이다. 이런 문제의식 속에서 〈지오포토 100〉 시리즈를 세상에 내놓았다. 물론 이런 유의 사진집이 모든 것을 해결할 수 있다고 말하는 것은 아니다. 하지만 이를 계기로 지리학에서 사진의 문제가 새로운 화두로 등장하기를 빌어 본다.

참고문헌

피에르 구루(김길훈·김건 역), 2010, 쌀과 문명(de P. Gourou, 1984, *Riz et Civilisation*, Libraire Arthéme Fayard), 푸른길.

石井實·井出策夫·北村嘉行, 2005, 寫眞·工業地理學入門, 原書房.

Harvey, D., 1990, Between space and time: Reflections on the geographical imagination, *Annals of the Association of American Geographers*, 80-3, 418-34.

Schwarz, J. M. and Ryan J. R., 2010, Photography and the geographical imagination (in Schwarz, J. M. and Ryan J. R.(eds), 2010, *Picturing Place: Photography and the geographical imagination*, I. B. Tauris, London), 1-18.

지오포토를 잘 찍으려면

앞선 에세이 '포토그래피, 지오그래피, 그리고 카토그래피'에서는 지리적 시각화 도구로서 사진의 역할에 대해 평소에 생각해 온 바를 적어 보았다. 물론 이 책 저 책에서 이 둘의 관계에 대한 편린들을 주섬주섬 모아 나열한 것에 불과하지만, 아직 구체화된 특별한 이론이 있는 것도 아니고 딱히 참고해야 할 명저가 있는 것도 아니어서 그 글을 쓰는 데는 단지 무모할 정도의 용기만 필요했다. 하지만 지오포토가 전문 사진가들의 장르가 아니라는 이유로, 단지 어깨 너머 곁눈질만으로 현장에서 사진 찍는 일을 해결할 수는 없다. 왜냐하면 사진을 어떻게 찍을 것인가는 구체적인 행위이며, 이미 수많은 전문가들이 나름의 지침과 원리를 제시해 놓았기 때문이다. 그렇다면 지오포토 역시 어딘가에 어깨를 기대야 하는데, 관심의 대상이 같다는 점에서 풍경사진이 그 대안이 될 수 있다.

세계적 온라인 서점인 아마존에서 'landscape photography'라고 검색하면 수십 권 아니 수백 권의 책이 쏟아져 나오는데, 이 경우 어느 것을 선택해야 할지 또 다른 고민에 빠진다. 검색어 앞에 'digital'이라고 붙이면 최신 책들만 나올 테지만, 그 결과 역시 만만하지 않다. 하지만 풍경사진에 관한 책에는 저자나 대가들의 사진이 내용과 함께 곁들여 있어, 읽는 책이라기보다는 보는 책에 가까워 우선 부담이 적다. 게다가 그 책들 뒤에는 어김없이 풍경사진에 대한 저자 자신들의 팁이 소개되고 있다. 예를 들자면, '훌륭한 사진을 찍는 데 도움이 되는 7가지 지침', '사진에 질서를 부여하는 11가지 원리', '훌륭한 사진을 찍는 4가지 핵심', '야외사진을 찍는 5가지 방법', '사진에 대한 10가지 신화', '훌륭한 사진을 얻는 데 필요한 자기 자신에 대한 11가지 질문', '셔터를 누르기 전에 취해야 할 10가지 단계', '당신의 사진을 개선시킬 수 있는 10가지 방법' 등, 무수히 많은데, 그 내용을 자세히 살펴보면 대동소이하다.

영상미를 추구하는 풍경사진 작가들의 사진에도 당연히 그 어떤 메시지가 담겨 있겠지만, 이 역시 예술의 영역이라 그것을 온전히 드러내는 경우는 그다지 많지 않다. 하지만 지오포토는 영상미보다는 정보 전달을 우선하는 사진 장르이기 때문에, 풍경사진에 필요한 팁과는 다를 수 있고 또한 그것만으로는 모자랄 수도 있다. '지리사진'이라는 독립된 사진 장르를 발전시킨 이시이 미노루의 팁을 아래에 소개하면서 '지오포토를 잘 찍는 법'에 대한 이야기를 이어갈까 한다.

이시이 미노루의 지리사진 촬영 과정(石井實·井出策夫·北村嘉行, 2005, 寫眞·工業地理學入門, 原書房)

　1. 어떤 목적으로 촬영할 것인가를 정한다.

　2. 주제가 무엇인가 생각해 보고, 주제만을 강조한다.

　3. 주제와 관련된 환경을 동시에 이해할 수 있도록 한다.

　4. 대상에 따라 스케일을 표시하고, 정량적 파악을 할 수 있도록 한다.

　5. 시간적 또는 공간적 변화 과정을 이해할 수 있도록 한다.

　6. 촬영 지점을 기록한다(촬영 방법, 촬영 범위 등).

　7. 촬영 일자(연, 월, 일)를 기록한다. 필요하다면 촬영 시각까지도 정확하게 기록한다.

지오포토의 주제: 지리학적 개념

일반적으로 풍경사진에서는 주제를 설명할 형용사를 먼저 생각하고 셔터를 눌러야 한다고 강조한다. 하지만 지오포토는 주제 자체의 선택, 그리고 그것의 느낌을 전달하는 형용사의 선택은 그다지 문제가 되지 않는다. 지오포토는 풍경사진과는 달리 하나의 지리학적 개념을 시각화하는 것으로, 사진을 찍기 전에 이미 주제는 정해져 있다. 지오포토에서 먼저 고려해야 할 것은 주제를 가장 잘 부각시킬 수 있는 최적의 촬영지를 찾는 일이다. 하지만 그곳에서 사진을 얻었다 해도 그 사진이 해당 지리학적 개념을 제대로 시각화했는지 여부는 또 다른 문제이다. 이를 위해서는 전문가들의 동의가 필요하다.

　지오포토는 지리학적 개념을 담아야 할 뿐만 아니라 그 지리학적 개념과 그것이 펼쳐진 현장을 설명해 줄 수 있어야 한다. 왜냐하면 동일한 지리학적 개념이라 할지라도 그 장소만이 가지고 있는 독특한 특성을 담아내지 못한다면 지오포토로서 가치는 급감하기 마련이다. 즉 같은 도심이라도 도시마다 그 특성이 다르고, 같은 고수부지라 하더라도 하천마다 그 모습이 다르기 때문에, 그곳만의 독특한 지리적 환경을 담아 나타낼 수 있어야 한다. 또한 뷰포인트의 방향과 고도에 따라 대상의 모습이 달라지므로, 지오포토에서는 대상의 위치와 지리학적 개념 그리고 뷰포인트에 대한 정보가 반드시 함께 갖추어져야 한다. 예를 들어 '돛대산에서 본 낙동강 삼각주'처럼 '어디서 본 어디의 무엇'으로 설명될 수 있어야 한다는 말이다.

다음으로 좋은 지오포토를 위한 자발적 피드백에 대해 이야기해 보자. 자신의 동료나 학생, 아니면 일반인에게 앵글 속의 그림을 보여 주었을 때 과연 추가적인 설명 없이 그것이 무엇인지, 어떤 지리학적 개념을 나타낸 것인지 대답할 수 있을까를 스스로에게 되묻고, 만일 '아니요'라고 판단된다면 셔터를 누르지 말아야 한다. 그런 다음 지리학적 개념을 제대로 이해하고 있는지 본인 스스로에게 되묻거나, 그 현장에 대해 다시 살펴보거나, 아니면 새로운 뷰포인트를 찾아 나서야 한다. 결국 좋은 지오포토가 되기 위해서는, 사진의 기술적인 요소와 미학적인 요소가 잘 갖추어져 전달하려는 지리학적 개념을 분명하고 강력하게 전달해 줄 수 있어야 한다. 물론 사진을 보는 사람 스스로 그곳에 가보고 싶은 욕구를 불러일으킬 수 있어야 하고, 이러한 정서적 감흥과 함께 환경 보호와 같은 철학적, 교육적 메시지가 전달될 수 있다면 더 말할 나위가 없다.

뷰포인트의 선정

대상이 정해지면 좋은 뷰포인트를 찾아 나서야 한다. 여기서 뷰포인트란 경관을 조망하는 곳일 뿐만 아니라 사진 촬영 지점을 동시에 말한다. 차를 몰고 산악도로나 임도를 달리고, 주변 높은 산이나 언덕을 오르내리고, 다가서거나 물러서면서, 그것도 아니면 이리저리 주변을 맴돌면서 최적의 뷰포인트를 찾는다. 그 후 사진의 구성과 구도 그리고 빛의 양과 방향을 선택한다. 이 경우 촬영자가 투자할 수 있는 가장 중요한 자산은 시간이다. 하지만 돈과 마찬가지로 시간으로부터 자유로울 수 있는 사람은 그다지 많지 않다. 따라서 어디에 있는 무엇이 정해지면, 서적, 엽서, 캘린더, 인터넷 등에서 찾을 수 있는 그곳의 일반 풍경사진이나 해당 지오포토를 통해 그것들의 뷰포인트를 확인한다. 우선 기존의 뷰포인트에서 구성, 구도, 빛의 양과 방향을 달리해 사진을 찍어 본다. 자신의 사진과 다른 사람의 사진을 비교하고, 그 뷰포인트의 장단점을 평가한 후 나만의 대안적 뷰포인트를 찾아 새로운 사진을 시도해 본다.

지오포토는 지표상에 독특한 기복을 가진 것이나 그것 위에 펼쳐진 인간의 독특한 활동이 만들어 놓은 경관이 그 대상이 된다. 따라서 그것은 수평적 범위뿐만 아니라 수직적 범위를 가지고 있는 3차원이며, 그 규모는 다랭이논과 같이 아주 작은 규모부터 아마존의 열대우림과 같은 대륙적 규모까지 다양하다. 일차적으로 뷰포인트는 대상의 범위와 규모 모두를 담을 수 있는 지점이어야 한다. 평지에서 보면 수직 입체감은 최대이나 전경에 가려진 뒤를 볼 수 없고, 반대로 항공사진과 같은 정사사진에서는 평면적 패턴은 확인하기 쉬우나 입체감은 사라진다. 따라서 지오포토에서는 입체감과 공간적 패턴 모두를 담은 사진이 요구되는데, 이를 위한 뷰포인트로는 아래를 비스듬히 내려다보는 시점, 부감경이 좋다.

뷰포인트가 높은 곳에 있다고 모든 것이 해결되는 것은 아니다. 너무 높게 올라가면 위성사진의 경우처럼 기복에 따른 입체감이나 원근감이 사라져 여러 경관 요소를 평면에 흩뿌려 놓은 것 같아진다. 다행이 우리나라는 곳곳이 산이며, 특별한 경우가 아니면 보통 사람들이 오를 수 없는 산은 거의 없다. 게다가 산에 오르면 자연 경관이나 그곳의 삶을 쉽게 확인할 수 있다. 보통의 산은 산록에서 점차 경사가 급해지는 오목 사면이다가 산비탈에 이르면 최대 경사에 이르고, 산정으로 갈수록 경사가 완만해지는 볼록 사면으로 이루어져 있다. 하지만 산정은 풍화와 침식을 집중적으로 받는 곳이라 급경사의 암릉으로 이루어진 경우가 많다. 따라서 산 정상으로 오를수록 시야가 트이면서, 대상물의 평면 형태와 입체감이 동시에 확보된다. 여기서 문제가 되는 것은 거리에 따른 대상물의 축소이다. 망원렌즈로 교환하거나 줌렌즈를 이용하면 소기의 목적을 이룰 수 있지만, 안개나 스모그가 있거나 빛의 양이 부족할 경우 거리에 따른 빛 손실은 각오해야 한다. 한편 자신이 가지고 있는 광각렌즈로도 대상물이 뷰파인더에 넘친다면 고도를 높일 수밖에 없다. 물론 이 경우 디지털 사진의 합성도 대안이 될 수 있다.

프레임의 구성: 구도

광각렌즈, 망원렌즈 등 다양한 렌즈를 이용해 주제와 부제 그리고 주변 환경이 적절한 조화를 이룰 수 있도록 구성하면서 사진의 구도를 만들어 나간다. 앞에서 말했듯이 지오포토의 경우 주제는 이미 정해져 있고, 가능하면 그것의 디테일을 담아내야 하기 때문에, 부제는 그다지 중요하지 않다. 따라서 주제를 화면 속에서 얼마만 한 크기로 나타낼 것인지, 필요하다면 부제로는 어느 것을 선택할 것인지 정해지면 지오포토에서 구성과 구도는 거의 결정된다. 실제로 부제와 주변 환경은 주제의 결정과 함께 촬영자의 의도와는 무관하게 자연스럽게 결정된다.

구도를 정하는 데 몇 가지 기준이 있다. 그중에서 일반적인 사진뿐만 아니라 풍경사진에서도 상식이다시피 된 것이 바로 삼분할의 법칙이다. 상하, 좌우 삼분할 선이 교차하는 지점에 주제를 두고 반대편 교차점에 부제를 두는 것, 특히 풍경사진에서 금과옥조처럼 지켜야 할 최상의 룰이라고 말한다. 이 경우 풍경사진에서 가장 지양해야 할 구도인 대칭 구도가 사라지고, 주제를 한가운데 두는 우를 피할 수 있다고 한다. 하지만 지오포토는 다르다. 느낌을 전달하기 이전에 정보를 정확하고 선명하게 전달하기 위해서는 주제를 한가운데 두어도 상관없다. 물론 사진 미학적으로는 문제가 될 수 있지만, 부제가 적절하지 않거나 비슷한 수준의 부제가 여러 개 산재해 있다면 주제를 한가운데 두어도 무방하다.

지오포토의 경우, 대상물로부터 멀고 높은 곳에 위치한 뷰포인트에서 촬영하는 경우가 많다. 그 결과 전경이 없어 사진 전면에 무미건조한 공간이 들어설 수 있다. 이를 피하기 위해 주제를 설명하는

데 도움이 되는 부제가 담긴 전경을 넣는다면, 불필요한 공간도 사라지는 일석이조의 효과를 얻을 수 있다. 고랭지 배추가 재배되고 있는 매봉산 고위평탄면 사진에서, 전경에 배추가 없다면 이곳에서 재배되고 있는 것이 무엇인지 사진만으로는 알 수 없다. 선명한 전경을 포함시키기 위해서는 심도가 높은 광각렌즈가 필요하며 삼각대가 있다면 더욱더 효과를 낼 수 있다. 그렇다고 전경이 꼭 필요한 것은 아니다. 전경으로 이것저것 넣다 보면 주제가 불분명해질 수도 있다.

한편 2차원의 사진이지만 가급적 3차원적으로 보일 수 있도록 하는 사진적 기법이 요구된다. 예를 들어 우리의 시선을 화면 앞에서 뒤로 이끄는 길잡이 선이 그것인데, 관심의 흐름을 유도하면서 사진에서 역동성을 느끼게 하고 더 오래도록 사진에 시선을 머물게 하는 효과가 있다. 자연 속에서 길잡이 선으로는 강, 시내, 도로, 줄지어 선 나무, 담장, 벽 등이 있다. 한편 스케일은 필수적이다. 스케일로는 자동차, 사람, 전봇대, 도로 등 공간과 대상의 크기를 가늠할 수 있는 것이라면 풍경사진과는 달리 무엇이든 상관없다. 물론 한 구석에 작게 자리 잡아, 시선을 끌거나 주제를 방해하는 일이 없도록 해야 한다.

색상 그리고 빛

풍경사진의 경우 이른 아침과 늦은 오후의 빛을 선호한다. 아마 햇살이 더 길어서 스펙트럼의 붉은색 부분이 더 많이 포함되어 따뜻한 빛이라 느끼기 때문일 것이다. 이런 빛은 정오의 더 하얗고 거친 빛보다 훨씬 더 시각적으로 보기 좋은 색조를 만들어낸다. 또한 길게 드리워지는 그림자는 윤곽과 대비감을 더해 주면서 입체감을 만들어 낸다. 구름 낀 날은 푸른빛이 두드러져 사진이 더 차갑게 느껴지며, 그림자가 없어서 사물들이 밋밋해 보인다. 하지만 암석의 표면에서 볼 수 있는 디테일, 늘 햇빛과 그늘이 상존해 있는 폭포, 맑은 날 햇빛이 들어오는 숲 속의 경우, 구름이 드리워져 명도 차가 적을수록 좋은 사진이 만들어지기도 한다.

풍경사진도 마찬가지이지만 지오포토 역시 계절의 느낌을 표현해 줄 수 있는 요소들을 고려해야 한다. 물론 느낌도 요소도 중요하지만 정확한 정보가 우선이기 때문에, 정보가 부각될 수 있는 색상에 대해서도 관심을 가져야 한다. 즉 여름철에 비해 가을은 다양한 색상이 추가된다. 벼가 익은 논의 노란색, 단풍이 든 활엽수의 붉은색과 노란색, 이들 색은 특정 공간의 색상을 지배함으로써 지리학적 개념을 부각시킬 수 있다. 즉 특정 토지 이용 패턴이나 특정 지형 요소가 다른 것과 구분되는 특정 색상으로 나타난다면, 지리학적 개념을 설명하고 부각시키는 데 큰 도움이 된다. 하지만 색상의 대비가 가장 저조하고, 모든 것을 흰색으로 만드는 눈의 계절, 겨울은 지오포토에게 가장 힘든 계절이다.

대부분의 경우에 가장 보기 좋은 사진적인 빛은 태양이 피사체를 45° 정도로 비출 때이다. 하지만 이것이 철칙은 아니며, 촬영자는 항상 이동해 가면서 다른 각도의 빛이 그 대상에 어떤 영향을 주는지를 파악해야 한다. 45° 각도로 비추어 드는 태양은 장면에 입체감을 주며 그림자를 드리워서 대상물을 돋보이게 만든다. 순광은 일반적으로 풍경의 색상을 가장 잘 드러내므로 많은 디테일을 담아낼 수 있지만, 입체감이 손실되고 심미적 영상미가 사라질 수 있다. 하지만 역광은 곤란하다. 우리처럼 풍경에서 색상이 다양하지 못한 경우 이를 극복하기 위한 방편으로 일출, 일몰 사진을 많이 찍는다. 하지만 이들 사진의 정보 전달력은 사진에 해가 많이 담길수록, 붉은 색이 늘어날수록 급격히 줄어든다. 어쨌든 색상과 빛은 사진 찍는 사람들의 영원한 숙제거리인 것만은 분명하다.

광각렌즈의 유혹

풍경사진도 그렇지만 좋은 지오포토의 경우 주제와 부제 그리고 그것 모두를 담을 수 있는 렌즈의 화각이 문제가 된다. 특히 초심자가 주제 그리고 주제와의 관계가 분명한 부제만 남기고 과감하고 단순한 구도를 정하는 일은 생각만큼 쉽지 않다. 주제와 함께 담을 수만 있다면 모든 부제를 다 집어넣으려 하고, 그러다 보니 항상 광각렌즈의 초점거리가 화제가 된다. 물론 자연스러운 일이며, 어느 시점에 가서는 고가의 파노라마카메라까지 구입하려 들지도 모른다. 하지만 광각렌즈의 초점거리가 짧아질수록, 주제는 프레임 속에서 점점 작아지고 부제는 물론 불필요한 배경까지 덕지덕지 붙은 고약한 사진이 만들어질 가능성은 상대적으로 더 커진다.

풍경의 한 부분을 따로 떼어서 촬영한 세밀한 사진은 하나의 풍경을 넓게 잡아 찍은 사진보다 더 많은 이야기를 들려 줄 수 있다. 이러한 사진은 풍경의 본질을 한마디로 요약해내는 정수와 같아, 사진의 주제가 선명하게 전달될 뿐만 아니라 당시 사진가가 느꼈던 현장에 대한 친밀감까지 제대로 전달될 수 있다. 따라서 사진을 처음 배울 때 표준렌즈만을 이용해 물러서거나 다가서면서 최상의 구도와 구성을 찾아야 한다고 강조하는 것은 바로 이러한 이유 때문이다. 이러한 노력은 사진의 질뿐만 아니라 사진가의 수준도 향상시킬 수 있다. 하지만 이 이야기는 지오포토에 필요한 이야기이기는 하나, 꼭 들어맞는 것은 아니다. 왜냐하면 지오포토의 경우 뷰포인트에 제약이 많아 물러서거나 다가서고, 이리저리 둘러보는 것이 불가능한 경우가 많기 때문이다.

최근 디지털 사진의 영상 합성 기술이 발달한 덕분에, 광각 렌즈나 고가의 파노라마카메라에 대한 부담이 극도로 줄어들었다. 디지털카메라로 다음 사진과 1/3 정도 겹치게 연속 사진을 찍은 후, 포토샵과 같은 프로그램에서 합성하면 감쪽같은 파노라마 사진을 얻을 수 있다. 이 경우 삼각대를 이용해 개개 프레임의 수평을 서로 맞추고, 노출을 적절하게 조절한다면, 예상 외로 훌륭한 사진을 얻을 수 있다.

광각이나 망원보다는 표준화각에서 찍은 사진들을 합성할 때 더 나은 결과를 얻을 수 있으며, 위아래로 더 많은 내용을 사진에 담으려면 사진기를 세로로 세워서 찍으면 된다. 돋보기를 들이대도 모를 정도의 결과를 얻을 수도 있지만 그렇지 않다고 해도 상관없다. 지오포토는 영상미, 예술성보다는 정보 전달이 그 목적이기 때문이다.

풍경사진, 보도사진, 지오포토

풍경사진은 사진을 보는 사람이 특정 장소에 대해 관심을 갖도록 감동시킬 수 있는 그 어떤 정서를 담고 있어야 한다. 이때 정서는 대개 자연 속에서 사진가가 이끌어낸 미학적, 서정적 정서로서, 지오포토가 추구하는 지리학적 개념이나 정보와는 다르다. 풍경사진이 영상미를 통해 느낌이나 의미의 전달을 목적으로 한다면, 보도사진은 영상 언어를 통해 사실이나 정보를 전달하는 것을 목적으로 한다. 보도사진만으로도 그 기능을 다할 수 있지만 대개 전달하고자 하는 기사의 보조 수단 역할을 하는 경우가 대부분이다. 따라서 지오포토는 대상이 경관, 풍경이라는 측면에서는 풍경사진과 같지만, 사실이나 정보를 전달하는 것을 목적으로 한다는 점에서 보도사진과 유사한 측면이 있다.

지오포토의 경우 대부분 초·중등 시절에 학습한 지리학적 개념을 대상으로 하기 때문에, 제대로 된 지오포토라면 지리학자가 전달하고자 하는 지리학적 개념, 혹은 의도나 목적을 충분히 감지할 수 있다. 결국 지오포토는 공간 정보의 전달 도구라는 독특한 기능을 수행하기 때문에, 그것만으로도 독자적 언어로, 다시 말해 독립된 사진 장르로 기능할 수 있다. 또한 지오포토는 공간 정보를 저장하고 해석하는 데 도움이 되며, 공간에 대한 의미와 가치를 전달, 교육, 고양하는 것을 목적으로 한다는 점에서 교육적, 사회 선도적 기능도 추가될 수 있다.

풍경사진, 보도사진, 지오포토, 이 세 가지 사진 장르는 사진의 평가라는 측면에서 각기 다른 메커니즘이 작용한다. 예술의 한 영역인 풍경사진의 평가는 비평가나 관객의 몫이며, 일회성 보도사진의 평가는 편집 데스크나 시청자 혹은 구독자의 몫이다. 따라서 객관적인 평가는 불가능할지라도 충분한 피드백을 통해 스스로를 개선하고 새로운 가능성에 도전할 수 있다. 하지만 지오포토의 경우 구체적인 평가 메커니즘이 없을 뿐만 아니라, 교육 매체의 특성상 피드백도 쉽지 않다. (주)푸른길 편집진이 〈지오포토 100〉이라는 사진집을 기획한 의도의 하나도 낙후된 지오포토 평가 메커니즘과 피드백 문제를 보완하기 위함일 것으로 판단된다.

글을 마치며

특별한 재능이나 오랜 공부가 필요 없는 분야가 바로 사진이다. 특히 지오포토처럼 전문 사진가들의 장르가 아닌 경우, 특별한 훈련 프로그램 자체가 없다. 사진은 이론이나 아이디어만으로 되는 게 아니라 실제로 체험을 통해 배우는 것이므로, 많이 찍을수록 실력이 늘고 그 결과물을 통해 부족함을 보완하면서 완성도를 높여 나간다. 실제로 사진을 찍는다는 행위는 겉보기와는 달리 손품과 발품을 많이 팔아야 하는 노동 강도가 극도로 높은 작업이다. 야외에서 활동해야 하는 지오포토의 경우, 좋은 사진을 원한다면 그 강도는 생각보다 심각하다. 사진을 통해 진정으로 보상받기를 바란다면, 신체적으로 또 지적으로 노력해야 한다.

좋은 사진을 많이 보고 이를 통해 자신의 독자적인 감각을 기르고 새로운 앵글을 찾을 것을 권한다. 이 과정을 거쳐야 비로소 현장을 처리하는 능력과 프레임을 구성하는 안목이 길러진다. 그러기 위해서는 되도록 많이 찍은 다음, 정리할 때 비교해 가며 필요 없는 사진을 지워버리는 습관을 가져야 한다. 왜냐하면 사진은 체험과 반복만이 실력 향상의 지름길이기 때문이다. 정리할 때 마음에 들지 않는 사진은 과감히 버려라. 특히 디지털 사진은 아끼지 않고 눌러대기 때문에 반드시 불필요한 사진이 생긴다. 잘못된 사진은 과감하게 삭제하고 잘된 것만 선정해서 보관해야 관리가 쉽다. 기억에는 한계가 있어서 시간이 지나면 분간하기 어렵다.

좋은 지오포토란 어떤 장소의 사진이자 어떤 장소에 관한 사진이다. 그 장소의 외양과 특성을 담고 있으며, 그것이 하나의 지식 체계를 이루어 정보로까지 업그레이드 된 것이다. 사실 그것이 지리학적 개념을 정확하게 반영한다거나 지리학적 개념 설명에 유용한 것이냐는 판단은 전적으로 지리학자의 몫이다. 보다 효과적으로 시각화할 수 있느냐의 여부는 사진적 효과에 달려 있으며, 그 경우 풍경사진에서 말하는 여러 가지 기술적 원리가 적용될 수 있다. 따라서 사진의 사진적 효과와 관계없이 지오포토의 가치는 지리학자의 개인적 판단이나 동의에 의해 결정된다는 사실에 유념해야 한다.

사족에 불과하겠지만, 이 책 역시 사진집이라 유명 사진가들의 지침을 흉내 내어 지오포토를 위한 내 나름의 지침을 제안하려 한다. 요즘 블로그에 올리는 사진을 보면 그 대상이 풍경인 경우가 많은데, 풍경이 아니더라도 결국 정보 전달이 그 목적이기 때문에 지오포토의 목적과 일치한다고 볼 수 있다. 따라서 사진을 찍는 대상이나 목적이 무엇이든 간에, 이 책의 독자들이 좋은 사진을 찍는 데 아래 지침들이 조금이나마 도움이 되길 바란다.

지오포토를 찍을 때 유념해야 할 10가지 사항

1. 주제를 명확하게 규정하고 셔터를 눌러라: 지리학적 용어로 정의할 수 없는 사진은 소용이 없다. 일반인이나 학생들이 사진만 보아도 그것이 무엇을 의미하는가를 알 수 있거나, 지리학적 호기심을 유발할 수 있는 사진이어야 한다.

2. 심도를 깊게 하라: 가능하면 전경, 중경, 원경 모두가 나타날 수 있도록 프레임을 구성하라. 흔히 지오포토에는 전경이 없는 경우가 많은데, 전경은 주제에 대한 배경과 정보를 제공할 뿐만 아니라 입체감을 더해 준다. 따라서 조리개를 좁힐 수 있을 만큼 좁혀 노출 시간을 최대한으로 하되, 사진기를 들고 찍을 경우 노출 시간은 자신이 감당할 수 있는 정도까지만 허용하라. 1/60초보다 길 경우, 흔들릴 수도 있다.

3. 고가의 렌즈에 집착하지 마라: 동일한 화각의 렌즈라고 하더라도 메이커마다 그리고 렌즈 밝기에 따라 그 가격은 천차만별인데 10배나 더 비싼 것도 있다. 고가의 렌즈에서 더 훌륭한 이미지를 얻을 수 있는 확률이 높다. 하지만 핸드폰 카메라, 똑딱이 카메라, DSLR 카메라, 중형 DSLR로 갈수록 화소수와는 관계없이 CCD의 면적이 커지며, CCD가 넓을수록 렌즈의 성능 향상에서 얻을 수 있는 것보다 훨씬 섬세한 이미지를 얻을 수 있다. '판형이 깡패'라는 말은 디지털카메라에도 적용되니, 고가의 렌즈에 너무 집착하지 마라.

4. 금과옥조와 같은 사진 룰을 지나치게 의식하지 마라: 지오포토는 아름다움을 추구하는 것이 아니라 사실적 내용 전달을 목적으로 한다. 일반적으로 요구되는 삼분할의 법칙과 같은 사진 구도의 법칙에 너무 연연할 필요가 없다. 어떤 경우 사진 한가운데 무엇을 넣을지 결정하면, 그것의 배경이 되는 다른 요소들은 자연스럽게 포함된다.

5. 역광을 즐기지 마라: 대부분의 사진 전문가들은 순광에 의한 사진을 그림엽서 사진이라 폄하하면서 순광을 피한다. 하지만 지오포토는 정보 전달이 목적이므로, 실루엣, 움직임, 배경 제거, 초점이 맞지 않는 전경 등으로 추상화 된 사진은 정보 전달력이 떨어진다. 따라서 가능하면 구름이 없는 맑은 날 순광에 의한 사진일수록 정보 전달력이 높아진다.

6. 높은 곳으로 올라가라: 공간(배경) 속에서 주제를 파악할 수 있도록 가능하면 높은 곳에 올라 아래로 내려다보면서 사진을 찍어라. 평면적 구조뿐만 아니라 입체감을 얻을 수 있다. 불필요한 전경이 제거되는 효과도 있으나, 주제가 공간 속에서 너무 작게 표현될 위험도 있고 불필요한 배경이 너무 많이 포함되어 주제가 훼손될 수도 있다. 이는 광각렌즈에 의한 사진이 의외로 만족스럽지 못한 경우와 마찬가지이다.

7. 가급적 다가서라: 가급적 주제에 다가서서 주제로 프레임을 가득 채워야 한다. 이럴 경우 불필요한 요소들이 제거되어 주제에 대한 정보 전달력이 향상된다. 의외로 표준렌즈나 망원렌즈를 이용한 사진이 효과적인 경우가 있다.

8. 스케일 바를 꼭 넣어라: 가능하다면 주제나 부제의 크기를 알 수 있도록, 스케일이 될 수 있는 사물을 사진 속에 포함시켜라. 자동차, 사람, 전봇대, 등. 하지만 구도나 주제를 방해해서는 안 되기 때문에, 사진을 보는 사람이 의식하지 못할 정도로 작거나 프레임의 구석에 넣어야 한다.

9. 삼각대와 릴리즈를 사용하라: 장기간 여행을 하다 보면 카메라, 추가 렌즈마저도 그 무게가 부담스러울 수 있다. 하물며 삼각대는 더 말할 나위가 없다. 하지만 선명한 이미지를 얻기 위해서는 그 정도의 불편은 감수해야 한다. 자동 노출일 경우 대부분 노출 시간이 짧아 흔들림은 없으나 심도가 얕아지므로, 심도를 깊게 할 목적이라면 삼각대와 릴리즈는 필수적이다.

10. 캐비닛 속에 보관하려면 사진을 찍지 마라: 사진을 찍고 그것을 분류하고 정리하지 않으면 오히려 쓰레기보다 못하다. 사진을 자료로 이용할 생각이라면 디지털카메라의 경우 촬영을 하고 난 다음 날 무조건 정리하는 습관을 가져야 한다. 필름카메라의 경우 바로 다음날 현상소에 맡기고, 찾자마자 무조건 정리하는 습관은 사진을 잘 찍는 것보다 더 중요하다. 잘못된 사진이거나 두 장 이상 같은 사진이라면 즉시 버려라.

사진 속 지리여행
지오포토로 읽는 대한민국 이야기

초판 1쇄 발행 2023년 8월 24일

지은이   손 일, 탁한명

펴낸이   김선기
펴낸곳   (주)푸른길
출판등록 1996년 4월 12일 제16-1292호
주소   (08377) 서울시 구로구 디지털로 33길 48 대륭포스트타워 7차 1008호
전화   02-523-2907, 6942-9570~2
팩스   02-523-2951
이메일   purungilbook@naver.com
홈페이지 www.purungil.co.kr

ISBN   978-89-6291-066-7   03980